魔法じゃないよ、

ぼくらの霞ヶ浦再生プロジェクト

アサザだよ

多田 実［作］ さかいひろこ［絵］

合同出版

もくじ

カバーデザイン　守谷義明＋六月舎

の舞台《ぶたい》

太平洋
鹿島灘
鹿島臨海鉄道
鉾田市
鉾田川
巴川
武田川
大洋
山田川
蔵川
行方市
麻生
雁通川
北浦
中里川
水神川
鹿嶋市
鹿島神宮
大生古墳群
夜越川
城下川
麻生前川
JR鹿島線
潮来市
潮来ふるさと館
前川
潮来
IC
水郷トンボ公園
常陸利根川
東関東自動車道
外浪逆浦
息栖神社
神之池
鹿島港
千葉県立中央博物館大利根分館
与田浦
水生植物園
与田浦川
香取市
成田線
神栖市
常陸利根川
逆水門

このお

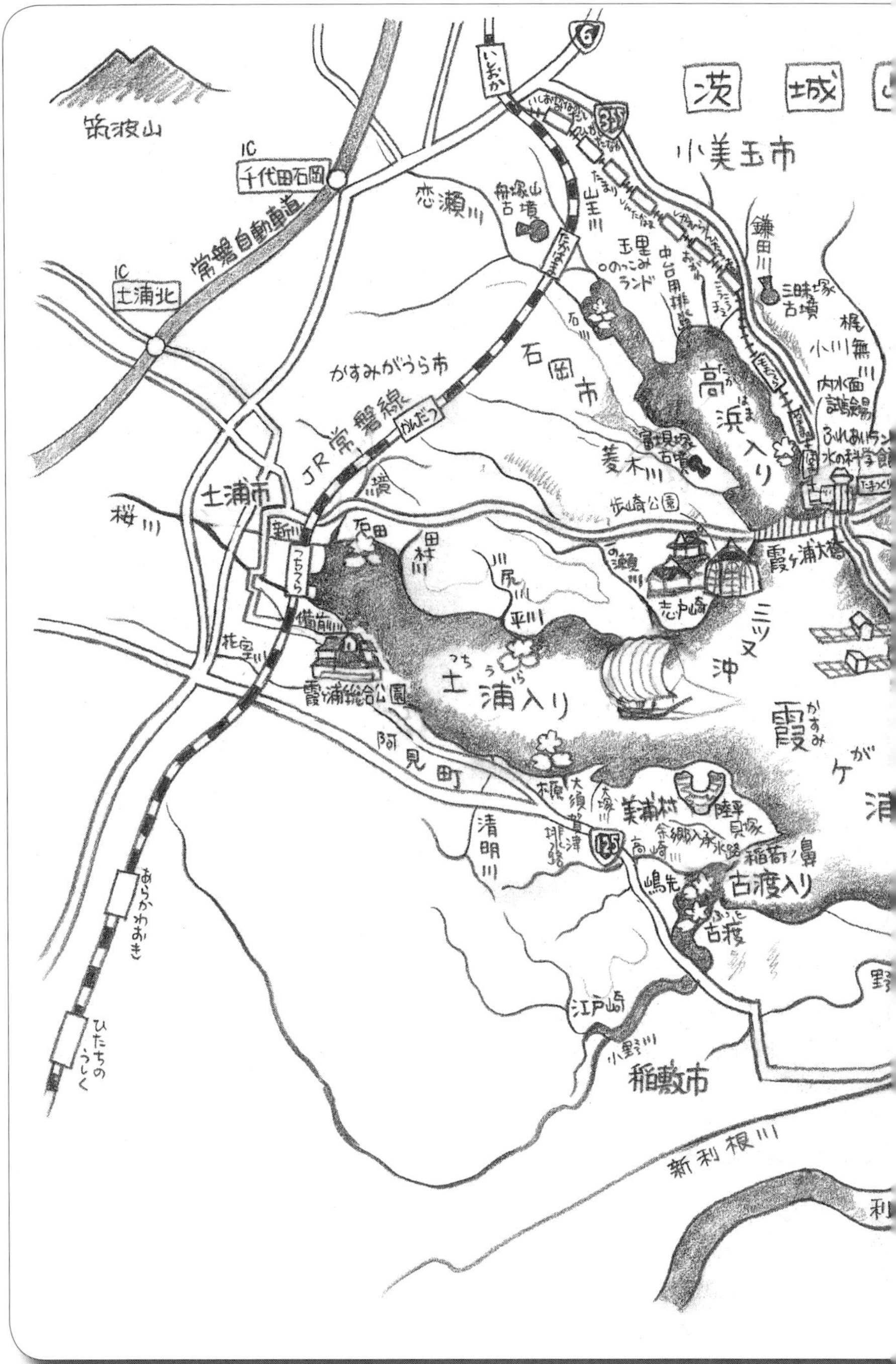
茨城
筑波山
IC
千代田石岡
IC
土浦北
常磐自動車道
6
いしおか
355
小美玉市
恋瀬川
舟塚山古墳
山王川
玉里ふれあいの森
中台用排水路
鎌田川
三昧塚古墳
梶無川
小川
石岡市
かすみがうら市
高浜入り
JR常磐線
かんだつ
富士見塚古墳
菱木川
土浦市
桜川
新川
つちうら
石田
田村川
川尻川
一の瀬川
歩崎公園
霞ヶ浦大橋
志戸崎
三ツヌ沖
平川
備前川
花室川
霞ヶ浦総合公園
土浦入り
霞
ケ
阿見町
清明川
大須賀津
美浦村
陸平貝塚
余郷入干拓
稲荷ノ鼻
古渡入り
嶋先
古渡
125
江戸崎
小野川
稲敷市
あらかわおき
ひたちのうしく
新利根川

プロローグ──突然の引っ越し

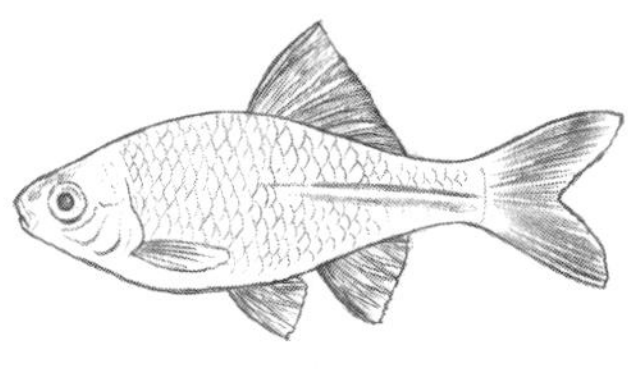
アカヒレタビラ

マコトの家の夕ご飯は、いつも少し遅《おそ》めだ。お父さんが会社から帰ってくるのを待って、一緒《いっしょ》に食べるようにしているからだ。

お母さんはなるべく遅くまで待ちたいようだけれど、マコトはおなかがすいて困《こま》る。前には、夜一〇時に夕ご飯なんてひどいこともあって、それでお父さんとお母さんがちょっとした口げんかをした。それからは、夜八時半になったらお父さんが帰ってこなくても夕ご飯にすることになった。

いま、時計は七時を少し回ったところ。お母さんはキッチンでハンバーグをこねている。

「お父さん、今日は夕ご飯までに帰ってくるかな」

小なべの中の甘《あま》く煮《に》たニンジンをちょっとつまみ食いしながらマコトが言った。夕飯を待ちきれないマコトがスナック菓子《かし》を食べるのをやめさせるために、少しぐらいのつまみ食いはお母さんが許《ゆる》してくれていた。マコトはお母さんが料理する様子を注意深く観察して、つまんでもおこられなさそうなところからいただくのだ。

「いまさっき、駅に着いたってメールがあったから、もうすぐ帰ってくるわよ。マコトもお魚にご飯あげたの？」

「まだ。……ねぇ、ハンバーグにナツメグ入れすぎないでよ」

リビングルームの窓際《まどぎわ》に置いてある熱帯魚の水槽《すいそう》に向かいながら、苦手な臭《にお》いのするスパイスに注文をつけた。

陽《ひ》よけのカーテンを開けると、網戸《あみど》になっていた窓の外から、今年になって初めて聞く虫の声が聞こえてきた。「ビイイイイイ……」という声のありかを探《さが》してマンションの窓から下を見おろすと、駐車場《ちゅうしゃじょう》のわきにあるツツジの植えこみの中から聞こえてくるようだった。オケラだ。夕暮《ゆうぐ》れ時の少し蒸《む》した空気の中で鳴くその声は、わくわくする夏のはじまりを知らせるブザーのように感じられた。

「あら、オケラね。もうすぐ夏になるのねぇ」

お母さんも少しうれしそうに言った。東京の都心から電車で三〇分ほどの町のマンションで暮《く》らすマコトたち家族にとって、オケラの声は季節や自然を感じさせてくれる数少ない生きものなのだ。

しばらくの間、オケラの声に聞き入っていたマコトが水槽《すいそう》に目をやると、水面に色とりどりの熱帯魚たちがえさを目当てに集まり、押《お》し合《あ》いへし合いしていた。急いでフレーク状《じょう》のえさを水面に落としてやると、群《むら》がった熱帯魚が水面に踊《おど》り出《で》て、「ピチャピチャピチャ……」と、にぎやかな水音を立てた。

マコトは、ほんとうは日本の淡水魚《たんすいぎょ》を飼《か》ってみたかった。日本の魚なら、どんな川や沼《ぬま》で暮らしているかおおよそ想像《そうぞう》がつくし、そういう魚を飼っていればマンションでの暮らしでも、どこかの自然とつながっていられるような気がした。

前に、新宿《しんじゅく》のデパートへ買い物にいったとき、屋上のペットショップで「アカヒレタビラ」という日本の淡水魚を売っていた。タナゴという、ひらべったい体をした魚の一種だ。おしりのひれに赤い帯があって、きれいだった。でも値段《ねだん》が一匹《いっぴき》七〇〇〇円もした。一緒《いっしょ》にいたお父さんにねだってみたが、お父さんの返事はこうだった。

「ええっ！　こんなのお父さんの田舎《いなか》にいけば田んぼの用水路にいくらでもいるぞ。なんでこんなに高いんだ？　こっちのマーブルグラミー……一二〇円か。これにしなよ。色もずっときれいだし……」

「それはもう、うちにいる」と、マコトが答えると、代わりに別の安い熱帯魚を選んで買ってくれた。そんな具合だから、水槽《すいそう》の中は熱帯魚ばかりになってしまったのだ。

お父さんの田舎《いなか》にいけばアカヒレタビラが用水路にたくさんいるという話も、マコトには納得《なっとく》がいかない話だった。夏休みに茨城県《いばらきけん》のおじいさんの家に遊びにいったとき、田んぼのわきの用水路をのぞいてみたけど、コンクリートの用水路には魚がすんでいるような気がしなかった。肝心《かんじん》のお父さんは昼寝《ひるね》ばかりしていて、一緒《いっしょ》に魚を探《さが》しに連れていってくれることはなかった。


ピンポーン、と玄関《げんかん》のチャイムが鳴った。

「パパ、お帰りなさい！　今日は、ご飯に間に合ったね！」

お父さんをパパ、と呼《よ》んだのはマコトのいたずらだ。小さなころはパパ、ママ、と呼んでいたけれど、小学生三年生になったある晩《ばん》、酔《よ》っぱらって帰ってきたお父さんが、「今日からパパ、ママ、と呼ぶのは禁止《きんし》だ。お父さん、お母さんと呼びなさい」と宣言《せんげん》した。そんなふうに呼ぶのは恥《は》ずかしいからいやだ、とマコトが答えると、お父さんはマコトをつかまえて「お父さん」と呼ぶまで体中を無茶苦茶にくすぐって降参《こうさん》させたのだった。

小学五年生になったいまでも、たまにマコトが「パパ」とからかって呼ぶと、お父さんは「パパじゃな〜い、父さんだ！」と言って、マコトをつかまえようとした。今日も、マコトはそうしてみたのだ。

「……ああ、ただいま」

すぐに逃《に》げられるようにマコトが身構《みがま》えていたのに、お父さんはそう返事だけするとネクタイをはずしだした。

少し、お酒の臭《にお》いがした。

「今日はハンバーグだよ？」

いつもと様子が少しちがうお父さんをうかがうようにマコトが言うと、

「そうか、お母さん、このごろマコトごのみのハンバーグを作るようになったもんなぁ」

と、笑った。そのときは、もう、いつものお父さんだった。

「あ〜、そうだ。ひげそりクリーム買ってくるのを忘《わす》れちゃった。マコト、ちょっとコンビニにいって、いつものやつ買ってきてくれないかな」

と、お父さんはかばんから財布《さいふ》を取りだし、千円札を抜《ぬ》きとってマコトに渡《わた》した。

「つりはいらねえ。とっときな」とふざけた口調《くちょう》でお父さんは言った。こういうときはほんとうにおつりをもらっていいのだ。

コンビニまでは走れば五分もかからない。でも、歩いていくことにした。お父さんがこんなふうにマコトにおつかいを頼《たの》むときは、お母さんと二人だけで話したいことがあるときだからだ。

コンビニから帰ってくると、テーブルの上のお皿には焼きたてのハンバーグが湯気をたてていた。ちょっと焼きすぎみたいで全体に黒っぽい色をしていた。口に入れようとしたとたん、マコトの苦手な、あのナツメグの臭《にお》いが鼻をついた。

「お母さん、またナツメグいっぱい入れたでしょう」

「え？　あ、ごめん、うっかりしてたわ。悪いけどがまんして食べてね」

お母さんは少し遠くを見るような目をしていた。


つぎの日は雨だった。学校から帰ってきたマコトは新しく買ってもらった昆虫《こんちゅう》の図鑑《ずかん》をながめていた。きれい好きなお母さんは、いつものように掃除機《そうじき》をかけていた。リビングルームで音をたてていた掃除機のスイッチが切られると、家の中が妙《みょう》にしずかになった。

「マコト、ちょっとお話があるの。聞いてくれるかな」

掃除機を持ったまま、黙《だま》って立っていたお母さんが話しかけてきた。なんだかあらたまった感じの話し方に、マコトは少し不安を感じた。

「あのね、マコト……学校を、転校することになるの。お父さんの田舎《いなか》に引《ひ》っ越《こ》して、茨城《いばらき》のおじいちゃんの家で暮《く》らすのよ」

「どうして、急に」

「うん、あのね、お父さんの会社がね、倒産《とうさん》したの。会社がつぶれてなくなってしまったの。でも、お父さんが悪いんじゃないのよ。お父さんは、一生懸命《いっしょうけんめい》働いてがんばったわ。でもね、会社にお仕事がなくなってお給料も出なくなってしまったの。このマンションのローンも払《はら》えなくなるの……」

お父さんは、ビルを建てたりする建設会社につとめていた。ビルを建てる工事で、働いている人たちの監督《かんとく》をするのが主な仕事、とお父さんは言っていた。

お母さんの目は、ぬれたみたいに光っていた。泣きたいのを、一生懸命、がまんしている目だ。

「だからね、三人でおじいちゃんの家に引《ひ》っ越《こ》さなくてはならないの。マコト、わかるかな」

「……うん、わかった」

マコトがそう答えると、お母さんはまた掃除機のスイッチを入れて、黙って床《ゆか》を掃除しはじめた。その目がうっすらと赤くなってきているのがわかったけれど、なんて声をかければいいのか、マコトにはわからなかった。

熱帯魚の水槽《すいそう》のある窓辺《まどべ》から空を見ると、マンションの壁《かべ》を伝った雨粒《あまつぶ》が窓枠《まどわく》からぽつり、ぽつりと落ちていた。

第1章　新しい学校

おじいさんの家への引《ひ》っ越《こ》しが決まってからは、あわただしい日が続いた。お母さんは、マコトに引っ越しを告げた日だけは悲しそうだったけれど、それからはいつものように元気だった。

引っ越しの日、お父さんが運転するトラックの座席《ざせき》で、マコトはクラスメートのみんなが寄《よ》せ書《が》きをしてくれた色紙《しきし》をぼんやりとながめていた。「マコト、愛してるぜ♡」。「茨城《いばらき》でターザンになれ！」。「たまにはメールくれよな」。

色とりどりの字で書かれた字が自分にむけられた言葉だとは、すぐには信じられない気持ちだった。いろんな遊びの約束もたくさんしていたのに、ぜんぶ、一枚《いちまい》の色紙の中に消えてしまった。

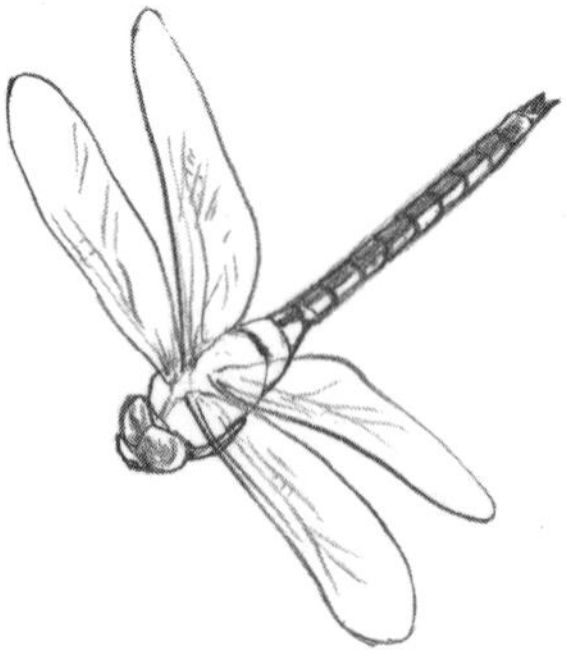

ギンヤンマ

トラックの窓《まど》の外に青々とした田んぼの景色がひろがりだした。あと少しでおじいさんの家だ。

「お父さん、アカヒレタビラって、いまでもいるのかな？」

「うん？　ああ、あの魚か。いるさ。ああいう田んぼの用水路を探《さが》せばいいんだ」

なんとなく、あまり期待しないほうがいい気がした。日曜日なのに、田んぼのまわりには魚を捕《と》って遊んでいるような子どもの姿《すがた》がぜんぜん見えないのだ。でも、田んぼのまわりの林は、真夏になればクワガタやカブトムシが出てきそうな雰囲気《ふんいき》だ。

やがてトラックが、とてもひろい湖の前を走りだした。霞ケ浦《かすみがうら》という、日本で二番目に大きな湖だ。岸には釣《つ》りざおを出している大人の姿が見えた。

「コイ釣《つ》りだな。ものすごく大きなコイがいるんだぞ」と、お父さんが言った。

「へえ。いいな。ぼくもコイ釣りしてみたいな」

「はっは、いまのマコトにはとても無理だなあ。中学生になったらコイ用のリールざおを買ってやろう」

「本当？　やったー、約束だからね」

トラックは見おぼえのあるおじいさんの家の門の前に着いた。トラックから飛《と》び降《お》りたマコトが門を入ると、アジサイやいろいろな木々に囲まれた庭があり、その奥《おく》に納屋《なや》、そして二階建ての大きな母屋《おもや》が見えた。

　夏休みになんどか遊びに来ているから、おじいさんの家の大きさは知っていた。お父さんが生まれたこの家でこれから暮《く》らすのだと思うと、いろんなことができそうな気がした。

　母屋の玄関《げんかん》の引き戸をガラガラと開けると、廊下《ろうか》の奥《おく》から日に焼けた顔のおじいさんが出てきた。

「おうおう、マコトか、よく来た、よく来た。いやぁ、また大きくなったなぁ」

　おじいさんはめがねをかけた眼《め》でマコトをしげしげとながめながら言った。その後からおばあさんも出てきて声をあげた。

「はいはい、いらっしゃい、いやあ、マコトちゃん、大きくなってぇ！　もう一〇歳《さい》になったんだもんねぇ」

「いらっしゃい、と言うのは今日だけだな。これからはここがマコトの家だ。いろいろ遊びに連れていってやるからな」

　おじいさんは本当にうれしそうに言った。


　つぎの日の朝、マコトはお母さんと転校先の小学校にいった。学校までの道は、ひろいひろい田んぼの中の道だった。引《ひ》っ越《こ》しのトラックからも見えたけれど、大きな丸い葉っぱがいっぱいしげる池のようなものもあった。運転していたお父さんに聞くと、「蓮田《はすだ》」というらしい。池の泥《どろ》の中に、レンコンが生えているそうだ。ときどきカエルの声がするので田んぼや用水路の中をのぞいてみたけれど、姿《すがた》は見えなかった。コンクリートの用水路の中は、魚もあまりいそうな感じがしなかった。

職員室《しょくいんしつ》で会った担任《たんにん》の先生は、若い女の先生だった。

「鈴木誠《すずきまこと》君ね、担任の鴻巣《こうのす》です。コウノトリの巣《す》っていうむずかしい字なの。みんなはユリカ先生って呼《よ》んでいるから、そう呼んでね」

やさしくて明るい感じの先生なので、マコトは安心した。

「この辺の学校は子どもの人数が少ないからおどろくかもしれないわね。そのかわり、すぐにみんなと仲良くなれるわよ」

「ひとクラス何人ぐらいなんですか？」とお母さんがユリカ先生にたずねた。

「マコトくんを入れて一二人です。クラスじゃなくて、五年生全員で」

マコトの通っていた東京の学校は、ひとクラス三〇人で三クラスだった。この学校は一学年、一クラス。それも、たった一二人だけ？

ケンタとカオリ

給食の後の昼休み、マコトはトイレにいくふりをして教室を抜《ぬ》けだし、校庭に出てぶらついていた。なんだか頭の中が混乱《こんらん》して逃《に》げだしたくなってしまったのだ。休み時間のたびに男子が何人もいっせいに話しかけてきたけど、そのしゃべり方が東京とはまるでちがうのにおどろいた。初めはけんかをしかけてきたのかと思ったほどだった。

ちがうのはしゃべり方だけではない。人と人とのかかわり方がちがうようだ。なんというか、おたがいの気持ちを思いきりぶつけ合うのが普通《ふつう》のことみたいなのだ。教室の中では男子も女子も口げんかや取っ組み合いをしたかと思えば、すぐ仲直りをして普通におしゃべりをする。それがあちこちでごちゃまぜにくりひろげられていた。東京の学校では、あんなふうに相手と気持ちをぶつけ合うような友だちづきあいはほとんどなかった。仲の良い友だちでも、お互《たが》いに気持ちの距離《きょり》を保《たも》ちあうような関係だったのだ。

《なんだか大変なところに来ちゃったみたいだなあ……》

これから先、どんなことになるのか想像《そうぞう》もつかない世界に放りこまれたような気持ちになった。ひろい校庭の上には梅雨《つゆ》明けの青空がひろがっている。途方《とほう》にくれたときに空を見上げるのは、マコトの癖《くせ》だ。

と、そのとき、太陽の光を背《せ》にして何かの黒い影《かげ》が舞《ま》い降《お》りてきた。「パシッ」と風を切るかすかな音がした。一匹《いっぴき》の大きくて姿《すがた》の良いトンボが透《す》き通《とお》った翼《つばさ》をひるがえし、頭の上を通りぬけていく。尾《お》の付け根の部分が日射《ひざ》しを浴びて青く輝《かがや》くのが見えた。まるで青い宝石《ほうせき》を身に付けたかような美しさだ。

「ギンヤンマだ！」

図鑑《ずかん》で見てあこがれていたギンヤンマに間違《まちが》いない。後を追って駆《か》けだすと、ギンヤンマはひろい校庭をゆうゆうと飛んでいき、やがて見えなくなった。それにしてもひろい校庭だ。東京の小学校の校庭なんか、くらべものにならない。マンションの近くにあった都立高校のグラウンドよりもひろそうだ。

校庭の片隅《かたすみ》には、水たまりを大きくしたような小さな池があった。池のまわりにはさまざまな草がしげり、水面には小さな丸い葉の水草が浮《う》いている。澄《す》んだ水の中をのぞきこむと、水草がジャングルのようにしげっていて、小さな魚も泳いでいた。水面すれすれを泳ぐその小魚は、背中《せなか》の真ん中に一本の太く黒い筋《すじ》があり、その両側には細く金色に輝く筋模様《すじもよう》が見えた。

「メダカだ。本物のメダカだ」

ペットショップで売られている、オレンジ色のヒメダカではない。図鑑で見たことがある野生のメダカだ。その小さな群《む》れが、少しずつ岸に近づいてきた。どきどきしながら見つめていると、急にパッと群れがちらばった。何かにおどろいたような動きだ。そのとき、水中の水草の間で何かが動いた。ヤゴだ。大きい。まるでカマキリのように凶暴《きょうぼう》そうな顔つきをしている。メダカは、このヤゴに襲《おそ》われそうになって逃《に》げたようだ。もしかするとギンヤンマのヤゴかもしれない。マコトはそのヤゴを捕《つか》まえてみたくなったけれど、ちょっと手が届《とど》かなかった。

ふと足元を見ると、ヤゴより小さな虫が水の中で逆《さか》さまになり、手こぎボートのオールのような足を使ってすいすいと泳いでいた。これなら手が届きそうだ。そうっと手ですくおうとすると、ついっ、と逃げられた。けっこう素早《すばや》い動きだ。もう一度……

「それ、刺《さ》すぜ。すっごく痛《い》てぇぞ」

ふいに背後《はいご》で声がした。おどろいて顔をあげると、いつのまにか同級生のケンタが後ろに立ち、黒く日に焼けた顔でニヤニヤと笑っていた。休み時間に後ろの席から最初に話しかけてきた子だ。それを皮切りにクラスの男子がいっせいにマコトに話しかけてきたのだった。ケンタは五年生のガキ大将《だいしょう》のような存在《そんざい》らしい。

「刺すの？　ハチみたいに？」

「ああ、マツモムシだ。ハチはケツの針《はり》で刺すけど、そいつは蚊《か》みたいに口の針で刺す。だけど刺されたらハチ並《な》みに痛てぇから気をつけな」

そう言うとケンタはマコトのとなりに座《すわ》り、池の向こう岸を指して言った。

「あそこの岸近くの丸い葉っぱのわき、見てみな。おもしろいやつがいる」

指されたほうの水面をよく見ると、金色の目に黒い瞳《ひとみ》が二つ、水面からのぞいているのが見えた。カエルの目だ。黄緑色《きみどり》の顔に特徴《とくちょう》のある黒い筋模様《すじもよう》が並《なら》んでいる。

「あ、トノサマガエル」

マコトが声をあげると、ケンタが少し得意《とくい》そうに言った。

「あいつ、人が近づいても、ぜんぜん逃《に》げようとしないんだぜ。だけど、正確《せいかく》にはトウキョウダルマガエルだ。トノサマガエルは西日本の方にすんでいて、関東のこの辺にいるのはトウキョウダルマガエルなんだ。じゃあ、そこにいるのは？」

ケンタが足元の水中を指すと、今度は小さなコガネムシのような小さな虫が泳いでいるのが見えた。

「え〜と、ゲンゴロウ、の、一種かな？」

「正解《せいかい》だ。ゲンゴロウの仲間だけど、ゲンゴロウとは別種のヒメゲンゴロウだ」

「ふ〜ん、生きものにくわしいんだね」

「まあな、おまえ、生きもの好きなのか？」

「うん、すごく好き。でも、東京じゃこんなふうな池ないからなあ」

するとケンタは得意げに言った。

「この池、去年、おれたちが作ったんだぜ。四年生から六年生までのみんなで、だけどな。見てな」

と言って、岸の土の盛《も》り上《あ》がったところを靴《くつ》のつま先でガツガツとけっ飛ばした。

「いいの？　そんなことして」

「いや、よくねえ。ちょっとだけだ」

掘《ほ》られた土の中を見ると、透明《とうめい》なシートのようなものが埋《う》まっていた。

「これ、ビニール？」

「そうだ。ビニールハウス用のじょうぶなシートを二重にして、浅《あさ》く掘った穴《あな》にひろげて、また土をかぶせたんだ」

「え？　それだけ？」

「ああ、はじめだけ工事のおじさんがユンボで穴掘って……ユンボってわかるか？」

「うん、パワーショベルのことだよね」

お父さんは、仕事で自分もユンボを使うこともある、と言っていた。自分の手足のようにユンボをあつかえるようになるとおもしろいぞ、と、自慢《じまん》していたことを、ずいぶん昔のことのようにマコトは思い出していた。

「そうそう、そのユンボで大きなお皿みたいなひろくて浅い穴を掘ってもらって、あとはおれたちみんなで小石を拾って、ビニールシートに穴があかないように地面を滑《なめ》らかにしたんだ。シートの上に土をかぶせたあと、水を入れれば池が完成ってわけ。岸に草を植えたり水草を入れたりしたけど、カエルとかトンボとかマツモムシなんかは、みんな自分で勝手にやってきたんだぜ」

「ふーん。あ、でも、メダカは自分では池に来れないよね。どこかで買ってきたの？」

「買う？　メダカを？　そんなことするわけねぇよ。でも、いいとこに気づいたな」

ケンタは少し自慢《じまん》げに、大人っぽい口調《くちょう》で言った。

「メダカとタニシだけは、近くの小川で捕《と》ってきて入れたんだ。東京じゃ、メダカなんていないだろ？　この辺でもだんだん少なくなってきているんだ。だから、この池で守っているんだ。けどな、メダカならなんでもいいってわけじゃないんだぜ。昔からこのへんにすんでいたメダカじゃないとだめなんだ」

「うん、ヒメダカじゃだめなんだよね？」

「ああ、もちろんヒメダカはだめだ。金魚と同じで人が作った品種だからな。だけど、野生のメダカでも、もともとすんでいるところがちがえば、目で見てもわからないようなところが少しずつちがうんだぜ。だから、よそから持ってきたメダカを放して、ごちゃまぜにするようなことは絶対《ぜったい》にしちゃいけねぇんだ。それじゃあ昔からこの辺にいるメダカを守ることにならねぇんだよ」

ケンタは少しおこったように言った。

「……そうなんだ。すごいことやっているんだね、この学校の子は」

「うーん、べつに、この学校だけじゃねぇよ。この辺、というか、霞ヶ浦《かすみがうら》のまわりの学校ならどこでもやってるぜ」

マコトが東京で通っていた学校では、想像《そうぞう》もつかないことだった。転校で別れた生きもの好きの同級生にメールで教えてあげよう、東京の学校でもこんな池が作れるかもしれない、と、マコトが思ったそのとき、

「ぜぇ〜んぶ、イージマ先生からの受け売りよね、ケンタせんせっ！」

しゃがんで話しこんでいた二人の背後《はいご》から急に大きな声がして、マコトもケンタも飛び上がった。振《ふ》り返《かえ》ると、クラスメートのカオリが二人の顔をのぞきこんでいた。思わず後ろに下がったマコトの足が、池の土手につまずいた。

バッシャーン、という水音とともに、マコトは池の中にしりもちをついてしまった。お湯みたいに生ぬるい水の感触《かんしょく》がおしりにひろがり、あわてて立ち上がろうと手をつくと、ズブリ、と柔《やわ》らかい泥《どろ》が指の間をくぐった。

「あっはぁ、やっちまった。カオリ！　おめえ、いきなりでっけえ声で話しかけんじゃねえよ！」

マコトの手を引いて立ち上がるのを助けながらケンタがどなった。でも、そのケンタもすごくおかしそうに笑っている。カオリは、ポカンと開いた口を両手で押《お》さえ、目を真ん丸く見開いたまま立っていた。

「ごめ〜ん、ちょっとおどろかそうと思っただけなのに。マコト君、ごめんね」

「こいつ、これで学級委員だからな。カオリ、ぬれちまった服はどうすんだよ。転校生の面倒《めんどう》見るのは学級委員の仕事なんじゃないか？」

カオリは困《こま》った顔になって言った。

「どうしよう、ズボン乾《かわ》かさなくちゃね」

マコトは何となくいやな予感がした。まさかズボンを脱《ぬ》げとは言わないとは思うけれど、この調子ではいったい何が起こるかわからない。

「いいよ、すぐ乾くよ。そんなにぬれたわけじゃないし。思ったよりもずっと浅《あさ》い池なんだね」

おしりをさすりながらとっさに思いついたことを言い、話題を変えようとした。

「ああ、そうだ。それがこの池の特徴《とくちょう》なんだ。メダカが暮《く》らすにはこのぐらい浅いところがいいんだよ。メダカを食っちまうような大きな魚が近づけないし、浅いから太陽の光が底まで届《とど》いて水があったまる。メダカの産卵《さんらん》には、うんとあったかい水が必要なんだ。だから、とくに岸のまわりを浅くなだらかに作ってある。それに、一年坊主《ぼうず》がドジって落ちても危《あぶ》なくないしな」

と、言ってケンタが笑った。一年生と一緒《いっしょ》にされてマコトは少しムッとしたけれど、おしりのぬれている情《なさ》けない状態《じょうたい》でケンタにそうからかわれても仕方がない気がした。

それにしてもケンタは生きものにくわしい。マコトも魚や虫の図鑑《ずかん》を読んでいてくわしいつもりでいたけど、まるでレベルがちがう。さっきカオリが言っていた「イージマ先生」に教わったのだとしても、ケンタの話には自分で体験している力強さがあった。ぬれたパンツがおしりにべっとりとつく感触《かんしょく》は、やはりなんとも気持ちが悪かったけれど、ケンタの話はマコトをわくわくさせた。

「やっぱり、気持ち悪いんでしょう?　休み時間、もう少しあるから乾《かわ》かすのにつきあうわね」

カオリが申《もう》し訳《わけ》なさそうに言った。

マコトはどきりとした。いったいどうしようというのだろう。

「ここの、草が生えているところに寝《ね》て。お日さまに当てれば早く乾くわよ。ビオトープもよく見れるし、いいじゃない」と言うと、カオリは池の脇《わき》の草の上にうつぶせに寝そべった。

「そりゃいいや、よし、おれもつきあうぜ」と、ケンタもおもしろがってカオリの左隣《ひだりどなり》に寝そべった。学校で、こんなふうにしていいのかな、と、マコトはどぎまぎした。でもそんなことを聞いたら二人から笑われそうな気がした。ケンタの横にうつぶせになって寝ると、ぷうんと草の香《かお》りがした。いつか、多摩川《たまがわ》の土手の草の上でお父さんと寝転がったときとおなじ匂《にお》いだ。なつかしくて、やさしい匂いだった。ぬれて冷たかったおしりにも太陽の光が温かくあたり、なんだかとても幸せな気持ちにつつまれた。

小さな宇宙《うちゅう》「ビオトープ」

「あ、アサザの花が咲《さ》いてる」

カオリが声をあげた。

「お、ひとつだけか。気がつかなかった。マコト、あれ見えるか」

ケンタの指の先を見ると、黄色くてかわいらしい花が一輪、水の上に顔を出していた。おじいさんの畑で見たキュウリの花によく似《に》ていた。

「丸い葉っぱが水に浮《う》いているでしょう。あれがアサザの葉っぱ。昔は霞ケ浦《かすみがうら》にいっぱい生えていて、湖がアサザの黄色いお花畑になってたんだって」

カオリがのんびりとした口調《くちょう》で教えてくれた。

「いまは、生えてないの？」

「うーん、少しだけ残っているところもあるんだけど、もうほとんどのところでなくなっちゃったみたいね。だから、この池で私たちがアサザを守り育てて増《ふ》やしているの。夏休みの前に、みんなで霞ヶ浦《かすみがうら》にアサザを植えにいくんだよ。もうすぐだから、それが楽しみなんだ」

この学校の生徒が守っているのはメダカだけではないらしい。

でも、どうして、メダカやアサザや、いろんな生きものがどんどん減《へ》っていってしまうのだろう。あのアカヒレタビラだって、お父さんが子どものころには、きっとどこの用水路にもたくさんいたはずなのに。前から疑問《ぎもん》に思っていたことを二人に聞くと、カオリが頭をかかえて声をあげた。

「うーん！　それはちょっとむずかしい質問《しつもん》ですねぇ」

「どうしたどうした、学級委員。転校生の質問には、ちゃんと答えてあげなくちゃねぇ」

カオリの向こう側で、ケンタがおもしろそうに茶化《ちゃか》すと、カオリはキッとケンタをにらんだ。

「まって、いま説明するから。まず、アサザが減《へ》った理由を話すね。アサザは水草なんだけど、アサザの種は、陸の上じゃないと芽を出せないの。冬の間に岸に流れ着いた種が春に芽を出すの。そういう特徴《とくちょう》をもった水草なの。そのあと、梅雨《つゆ》になって雨がたくさん降《ふ》ると、湖の水が増《ふ》えて、アサザの芽が水に沈《しず》むの。そのあとはどんどん茎《くき》を延《の》ばして葉っぱをひろげて水面に

ひろがっていけるの。ここまではわかったかな？」

「ふーん、うん、わかった。わかるよ」

「で、ええと、マコト君は、霞ヶ浦《かすみがうら》にいったことはある？」

「夏休みに何度かおじいさんに連れてってもらったことがあるよ」

「そのとき見た湖の岸って、どんな感じだった？」

カオリに問われて、マコトは頭の中で霞ヶ浦の風景を思い出してみた。

湖のまわりには土手があって、その下はずうっとコンクリートの壁《かべ》の岸で、そのまま、まっすぐ下が深い水になっていた。

「湖の岸がコンクリートの壁だったら、アサザの種はどこで芽を出せるのかな？」

マコトの顔を見つめながらカオリが言った。

「どこでって……あれ？　どこにも、ない、のかな？」

「大当たりぃ！」

ケンタがパチパチと手をたたいた。

「この池みたいに、岸までなだらかになっているような土のところがないと、アサザは芽が出せないんだ。メダカが暮《く》らす場所もおなじ。みーんなコンクリートの工事でなくなっちまった、というわけ」

ケンタが、「コンクリートの工事」というところに力を込《こ》めて言った。コンクリートの工事に怒《おこ》っているような感じだった。マコトは、少し悲しい気持ちになった。マコトのお父さんの仕事も、コンクリートのビルを建てる工事だった。たくさんの人が安全に暮らしたり働いたりするビルを建てることを、お父さんはマコトに誇《ほこ》らしげに話していたことがあった。

「コンクリートの工事がなくなれば、いろんな生きものたちが暮らせるようになるのかなぁ」

マコトがつぶやくと、カオリが答えた。

「う〜ん、そうとも言えないのよね。生きものによってそれぞれちがう暮らし方をしているから、いなくなる理由もちがうのね」

マコトにはカオリのこの説明がわからなかった。生きものは一緒《いっしょ》に生きているんだから、いなくなる理由だっておなじなのではないだろうか。

そのとき、「パッ、パッ」と小さな風切《かざき》り音《おん》がして、目の前に二匹《ひき》のトンボが舞《ま》い降《お》りてきた。ギンヤンマほどではないけれど、大きい。でも、二匹のトンボは色がちがっていた。一匹《いっぴき》は青みがかった灰色《はいいろ》の姿《すがた》。もう一匹は明るい黄色の体で、二匹ともしっぽの先が黒かった。

「シオカラトンボのオスとメスだ。動かないで見てな」

ケンタがすかさず言いあてた。三人が息をひそめて見つめていると、黄色のメスがしっぽの先で池の水面をチョンチョンとつつきはじめた。

「卵《たまご》を、産んでいるんだよね？」

マコトがささやき声で聞くと、カオリがマコトの顔を見ながら黙《だま》ってうなずいた。

産卵《さんらん》を続けるメスのすぐ後から、オスがゆっくりついていく。

「卵を産んでいるメスに敵《てき》が近づかないように見張《みは》っているのよ」

と、カオリがささやいた。つがいのシオカラトンボは、しばらく産卵を続けた後、大空に舞《ま》い上《あ》がっていった。寝《ね》そべっている自分の目の前で、大きなシオカラトンボが産卵する様子をながめられるなんて、マコトにとっては夢《ゆめ》のような出来事だった。

ケンタがひじでマコトをつつき、向こう岸を指した。その指の先を見ると、水ぎわの草の上に、追いかけてこの池までできたギンヤンマがとまっていた。腰《こし》の青い部分が太陽の光を浴びて美しく輝《かがや》いている。

「マコト、あのギンヤンマ、二匹《ひき》くっついているの、わかるか？」

よく見ると、ギンヤンマのしっぽの下に、もう一匹《いっぴき》のトンボがしっぽにしがみつくようにしてぶらさがり、体を「くの字」に深く折り曲げていた。そのトンボには、腰にあるはずの青い宝石模様《ほうせきもよう》がなかった。下のほうのトンボはまわりの草とおなじ色だからわからなかったのだ。

「下にいるのがメスだ。いま交尾《こうび》しているんだぜ。ギンヤンマは、ああやってくっついたまま、水ぎわの草の茎《くき》に卵を産みつけるんだ。シオカラトンボは水面に直接《ちょくせつ》卵を産み落とすから、まわりがコンクリートで固められたプールみたいな池でも産卵できるけど、ギンヤンマは水ぎわに草があるところじゃないとだめなんだ。まわりに草の生えた池がどんどん埋《う》め立《た》てられて、この辺でもギンヤンマはずいぶん少なくなっているんだぜ」

シオカラトンボもギンヤンマもこの池に来て卵を産むトンボなのに、産み方がちがう。シオカラトンボは、水面を飛びながら卵を水に落としていく。ギンヤンマは、水辺の草の茎に止まって卵を産みつける。おなじ場所で暮《く》らしていても、種類によって卵の産み方がちがうから、子孫を残せるのもいるし、残せないのもいる。

マコトは、さっきカオリが言った説明が、少しわかったような気がした。コンクリートで囲まれた池でも卵が産めるシオカラトンボもいれば、まわりに草が生えた池でなければ産卵できないギンヤンマのようなトンボもいるのだ。

「ギンヤンマがいなくなってしまう原因《げんいん》は、やっぱりコンクリートの工事が原因なんだね」

マコトが少しさびしそうにつぶやくと、カオリが考えをめぐらすように答えた。

「うーん、まあ、そうかもしれないけど、それだけじゃないみたいなのよね。生きものがいなくなる原因って、ほかにもいろいろなことが重なり合っていることが多いみたい」

「ああ、そうだ。マコト、オオシオカラトンボとクロスジギンヤンマって、知っているか？」

ケンタが初めて聞くトンボの名を言った。

「オオシオカラトンボはシオカラトンボよりもっと青みが強くて派手《はで》な色をしている。クロスジギンヤンマはギンヤンマより体全体が少し黒っぽいんだ。この学校のまわりは田んぼが多いけど、こういうところにいるのはシオカラトンボとギンヤンマだ。でも、まわりにもっと森がある学校の池には、オオシオカラトンボとクロスジギンヤンマが来るらしいぜ」

ケンタは生きものの暮《く》らし方のちがいまでよく知っていた。姿《すがた》も名前もよく似《に》たトンボどうしなのにオオシオカラトンボは森が好きで、シオカラトンボは田んぼが好き。クロスジギンヤンマも森にすんでいて、ギンヤンマは田んぼにすんでいる。森の中が好きなトンボは、池が自然のままでも、木が切られたら親トンボがいなくなってしまう。田んぼがなくなれば、そこが好きなトンボがいなくなってしまうのだ。マコトはようやく、カオリの言った言葉の意味が理《り》解《かい》できた。

「池や湖だけじゃなくて、そのまわりのいろんな自然が、生きものの暮らしを守っているんだね」

「そうそう、そういうこと。こんな小さな池だけど、じっと見つめているといろんなことがわかるでしょう。ビオトープはいろんな生きものと人間が一緒《いっしょ》に暮らすにはどうしたらいいかを考えるための〝装置《そうち》〟なんだって。イージマ先生が言ってたわ」

カオリが自分でも感心したように、さっきの聞きなれない言葉をまた使った。なんとなくはずかしいけれど、マコトは思いきって聞いてみることにした。

「あの、カオリ…ちゃん」

「ん？　カオリでいいよ。みんな呼《よ》び捨《す》てで呼びあっているから」

「でも、ぼくのことはマコト君って呼んでたから」

「転校生だから、今日だけ特別。明日からマコトって呼ぶね。で、何？」

「うん。そのビオトープっていう装置は、どこに置いてあるのかな？」

「ゲハハハハッ！」

ケンタが大笑いした。まったく、なんという笑い方だ。

「ケンタ！　そんな笑い方するんじゃないわよ。私たちだって、イージマ先生の授業《じゅぎょう》で初めて知った言葉じゃないの」

そういうカオリだって、おかしそうに笑っている。

「いや、ちがうちがう、そうじゃなくてさ、目の前にあるもんだからさっ、ハッハハッハッ！」

目の前？　目の前って、この池があるだけじゃないか。

「え？　この、池がビオトープなの？」

「大当たりい！」　ケンタとカオリが同時に叫《さけ》んだ。

ビオトープというのは、ドイツ語で「いろいろな生きものが暮らす空間」という意味の言葉だそうだ。いろいろな植物があって、魚や虫や鳥などがお互《たが》いに関係しあいながら一緒《いっしょ》に暮らせる場所のことをいうらしい。そういえば郊外《こうがい》の町へ家族で買い物にいったとき、その町に新しく作られたばかりの公園に立派《りっぱ》な石造《いしづく》りの池があった。その池のまわりには「ケナフ」という背《せ》の高い草が植えられていて、池のわきの看板《かんばん》には「自然にやさしいビオトープ」という聞きなれない言葉が書いてあったような気がする。その池の中には何匹《なんびき》ものニシキゴイが泳いでいて、水草は何も生えていなかった。マコトはちょっと池の様子をのぞいてみただけで、すぐに興味《きょうみ》を失ってしまっていた。その池がなぜ「自然にやさしい」のか、よくわからなかったからだ。

それにくらべて、このビニールシートを敷《し》いて作られただけのビオトープの池は、まるで小さな宇宙《うちゅう》だった。浅《あさ》くて、学校のプールの半分ほどもない小さな池なのに、いろいろな動物や植物が、ありのままの姿《すがた》で生活する様子が観察できる。マコトは、この小さな池の魅力《みりょく》に引きこまれていた。

と、そのとき、遠くから叫《さけ》ぶ大きな声が聞こえてきた。

「こ〜ら〜ッ！　そこの三人！　いつまでそんなところに寝《ね》ているの！　もうとっくに昼休みは終わってるのよ〜っ！」

おどろいたカオリが飛び上がった。見ると、校庭の向こう側でユリカ先生が仁王立《におうだ》ちになって腕《うで》を組み、三人をにらんでいる。

「いっけない！　マコト君、もうズボン乾《かわ》いたかな、走れる？」

「あ、うん」。マコトも急いで立ち上がり、ズボンを触《さわ》ってみた。まだ中のパンツは湿《しめ》っているけれど、ズボンの方はほとんど乾いていた。

「やべえな、ユリカ先生、あれで怒《おこ》るとでっけぇ声でどなるんだぜ」

　三人で走りだすと、ケンタがおもしろそうに言った。

「でも、なんでチャイムが鳴らなかったんだろう？」

　マコトがズボンを押《お》さえて走りながら聞いた。

「チャイム？　ピンポーンって鳴るやつか？　そんなもん、この学校にねえよ。いいから走れ走れ！」

　マコトは猛《もう》スピードで駆《か》けていく二人の後を必死で追いかけた。

走りながら、なんだかとても楽しい生活が始まりそうな予感がしていた。

トウキョウ
ダルマガエル

第2章　二人のおじいさん

大空の宝物《たからもの》

授業中《じゅぎょうちゅう》、教室の窓《まど》から空をながめていると、遠くに見えている入道雲《にゅうどうぐも》がふくらみながら、ゆっくり、ゆっくりと大きくなっていくのがわかる。

さっきから高い空で弧《こ》を描《えが》きながら飛んでいた大きな鳥が、少しずつ降《お》りてきた。タカの仲間だ。その鳥の尾羽《おばね》の形がはっきり見えてきた。コイの尾びれのように二つに割《わ》れた形をしている。トンビだ。そうっと後ろを振《ふ》り向《む》き、「トンビだよね」とささやくと、ケンタが満足そうにほほ笑みながらうなずいた。ゆっくりと弧を描きながら飛行高度を下げてきたトンビは、あるところから、また少しずつ空の高みに上りはじめた。ひろげた翼《つばさ》を羽ばたきもせずに上昇《じょうしょう》

トンビ

気流《きりゅう》をたくみにとらえ、大空を自在《じざい》に舞《ま》うトンビの姿《すがた》にマコトは魅入《みい》られた。

空を飛んでいるタカなどの猛禽《もうきん》の種類《しゅるい》を見分けるのはむずかしい。最初は、一番見る機会の多いトンビの特徴《とくちょう》をしっかりおぼえるべきだとケンタが言った。ケンタは学校のいき帰りや、日曜日に自転車でクワガタやカブトムシのいる森まで出かけたときなどに、とつぜん姿を現《あらわ》す猛禽の見わけ方を教えてくれた。「タカの王様」、オオタカを初めて見たときには、夢《ゆめ》じゃないかと感激《かんげき》したものだった。

トンビ以外の猛禽が現れることは、そう多くはない。だから、それぞれの猛禽の特徴が、マコトにはなかなかおぼえられなかった。おぼえるためには、とつぜんやってくる数少ないチャンスに、全身の感覚を集中させ、その姿や顔つき、模様《もよう》、飛ぶときの翼の動かし方、そして鳴き声などを自分の目と耳に焼き付ける。それが猛禽ウォッチングの一番の上達方法だし、それしかないんだ、とケンタが言った。ケンタは、大人になったら動物カメラマンになって世界中の生きものの写真を撮《と》るのが夢なのだそうだ。

東京で生まれ育ったマコトにとって、図鑑《ずかん》を見てあこがれるしかなかった猛禽たちが、ここでは大空の住人として姿を現してくれていた。

マコトの席は後ろから二番目の窓側。ケンタの席はすぐ後ろだ。ここは授業中に空の英雄《えいゆう》たちを探《さが》すには特等席だ。あるとき、茶色くておなかの白い、見なれないタカの仲間がゆっくりと羽ばたきながら校庭の上を横切っていったことがある。金色に輝《かがや》く目や、クチバシの両側にあるヒゲのような太い筋模様《すじもよう》もはっきりと見えた。あわててケンタの方を振《ふ》り向《む》くと、ケンタが「サシバ！」とささやいた。つぎの瞬間《しゅんかん》、「ピッ、クイーッ」という声が遠くから響《ひび》いた。

「あれがサシバの声！　夏になると南の国から渡《わた》ってくるんだぜ！」

ケンタがすかさず教えてくれた。

とたんに「ほらあ、そこの二人、授業中《じゅぎょうちゅう》は集中して先生の話を聞きなさい！」と、ユリカ先生のよく通る声が教室に響《ひび》いたけれど、二人にとってはそれどころではないほど夢中《むちゅう》になる出来事だったのだ。

夏休みの宿題

「さて、今日はみなさんにお願いがあります。もうすぐ夏休みになりますけれど、そのあいだにみんなに研究してきてもらいたいことがあるの」

ユリカ先生がいつもの張《は》りのある声を教室に響かせると、チョークでカツカツと音を立てながら黒板に大きな字で研究テーマを書き始めた。

『私《わたし》たちの　ふるさと聞き取り調査《ちょうさ》』

研究テーマの名を書き終えると、ユリカ先生は振《ふ》り返《かえ》って説明をはじめた。

「これはね、みんなのおじいさんやおばあさんから、霞ヶ浦《かすみがうら》、田んぼや畑、それに森、そうしたものが昔どんな姿《すがた》をしていたか、昔の人はそこでどんな暮《く》らしをしていたか、どんな遊びをしていたか、そういうことを聞き取る調査《ちょうさ》です。自分のおじいさんやおばあさんだけではなくて、お父さんやお母さんに聞いても、ご近所のお年寄《としよ》りに聞いてもいいんですよ」

ぼくたちが調べたことはイージマ先生がいる市民グループや、人と自然の関係を調べている大きな研究所の参考資料《しりょう》にされるのだそうだ。

「イージマ先生ってさ〝総合的《そうごうてき》な学習の時間〟によそから来てくれる先生なんだぜ」

後ろの席からケンタがささやいた。いままでイージマ先生が何年生の先生なのかわからなかったけれど、ようやく合点《がてん》がいった。学校のどこにもイージマ先生の姿は見かけなかったのだ。

「生きもののこと、すごくくわしい先生だよね。どんな感じの人？」

「う〜ん、自分では『正体《しょうたい》は霞ヶ浦のカッパだ』って言ってたけどなぁ。授業はすごくおもしろいぜ」とケンタが言った。

「カッパ？？」

マコトはあきれたようにケンタの顔を見つめたけれど、冗談《じょうだん》を言っているような顔つきではなかった。

「はいっ！　みんな良く聞いてくださ〜い！」

ユリカ先生の声がまた大きくなったので、マコトはあわてて前を向いて真剣《しんけん》に話を聞く顔つきになった。

「夏休みの宿題は、この『私《わたし》たちのふるさと聞き取り調査《ちょうさ》』です。三人ぐらいで班《はん》を作って何を調べられるか、相談してください。来週のイージマ先生の授業《じゅぎょう》までにね。そして、夏休みの間にまとめて、レポートを出すの。レポートだなんて大学生みたいよね。これはみんなにしかできない、とても意義《いぎ》がある調査なのよ。ふだん、なかなかおじいさんたちから、昔の暮《く》らしぶりや知恵《ちえ》を教わる機会がないでしょう。昔の知恵は、みんなにとって大切な財産《ざいさん》になるの。宝物《たからもの》といってもいいわね。夏休みは、なるべくたくさんの宝物を見つけてほしいと思います」

学校からの帰り道、マコトはケンタ、カオリと「ふるさと聞き取り調査」の相談をした。

「昔の暮らしって、どんなこと調べればいいのかなぁ」

マコトが心配そうにつぶやくと、カオリがなんでもなさそうに答えた。

「いちばん関心があることを聞けばいいんじゃないの？　生きもののこととか」

「あ、そうだ。ケンタ、アカヒレタビラって、見たことある？　お父さんは子どものころ、用水路にいくらでもいたって言うんだけど」

マコトも、ケンタやカオリを呼び捨《す》てで呼《よ》ぶようになっていた。転校してから二、三日は遠《えん》慮《りょ》して「ケンタ君」などと呼んでいたのだけど、「男からケンタ君、なんて呼ばれると気持ち悪りぃぞ」と言われ、みんなとおなじように呼び捨てするようになった。

「うーん、アカヒレタビラねぇ、タナゴの一種だろ。魚がいる用水路もあるけど、いるのはクチボソとかヌマチチブとかだな。タナゴの仲間では、たまにタイバラがいるくらいだぜ」

「タイバラっていうのはタイリクバラタナゴのことよ。中国大陸から来た外来魚《がいらいぎょ》ね」

カオリが説明してくれた。

「外来魚」というのは外国から持ちこまれて日本にすみついた魚、という意味だ。北アメリカから持ちこまれたブラックバスやブルーギルのような魚が代表的な外来魚だけれど、タイリクバラタナゴも中国大陸から持ちこまれ、日本にすみついた外国の魚だということはマコトも図《ず》鑑《かん》を読んで知っていた。なんでアカヒレタビラはいなくなったのか——。「ふるさと聞き取り調査」では、そういうことも調べてみようと思った。

ケンタが思い出したように言った。

「ああ、おれのじいちゃん、昔は漁師《りょうし》だったんだ。いまは親父《おやじ》とコイの養殖《ようしょく》やってるけどさ」

「ほんと？　じゃあ、昔の魚のこと、くわしいよね」

いまは姿《すがた》を見られなくなった種類《しゅるい》の魚がどんな風に捕《と》れたのかとか、探《さが》せばいまも生き残っている場所もあるのかとか、聞いてみたいことは山ほどある。

「うちに遊びに来ればいいさ。じいちゃん、湖と魚のことならなんでも知ってるぞ」

「ぼくのおじいちゃんはお米農家だけど」

「あ、ほんと？　すごい、やった。マコトとケンタのおじいちゃんを組ませればバッチリじゃない。そうだ、この三人で調査班《ちょうさはん》を作ろうよ。二人のおじいちゃんがいれば恐《こわ》いものなしね、決まり！　じゃあね、マコト、あたしんち、こっちだから」

カオリはそう言うと、田んぼの道から別れて駆《か》けていった。残ったふたりはポカンとして見送っていたけれど、やがてケンタがいたずらっぽく笑いながら言った。

「まあ、あいつがいれば話がむずかしいところはうまくまとめてくれるだろうし、な」

二人のおじいさん

いつもケンタと別れる道まできたとき、ケンタを家に寄《よ》っていくように誘《さそ》ってみた。おじいさんにケンタを紹介《しょうかい》しておけば、ケンタのおじいさんに会ったときに遠慮《えんりょ》なく話が聞ける気がしたし、新しい学校で、ちゃんと友だちもできていることを家族のみんなにも知ってもらいたかったからだ。

深緑色《ふかみどりいろ》の細かい葉をしげらせる「マキ」という木の垣根《かきね》に囲まれた路地を歩きながら、ケンタが興味《きょうみ》深そうに言った。

「へぇ、マコトんちって、こっちのほうなんだ。おれ、この辺はわりと自転車で来るんだぜ」

「ぼくんち、あの門の家だよ」

近くに見えてきた家の門を指して言った。

「えっ？　あそこか？　あ、おまえ鈴木《すずき》って、耕平《こうへい》じいちゃんの孫だったのか？」

ケンタがおどろいた口調《くちょう》でマコトのおじいさんの名前を言った。マコトもおどろいた。

「ケンタ、ぼくのおじいさん知ってるの？　なんで？」

「いや、なんでって言われてもさ……」

ケンタはとまどったような顔つきで笑った。

門を抜《ぬ》けると、母屋《おもや》の縁側《えんがわ》でおじいさんが将棋《しょうぎ》を指している姿が見えた。将棋の相手は、ときどき顔を見せるおなじ歳《とし》ぐらいのおじいさんだ。頭は少し白いけれど、うんと黒く日に焼けていて、とてもたくましい感じがする。二人は幼《おさな》なじみらしく、耕平、健《けん》ジイ、とお互《たが》いを呼《よ》びあっている。

「あれがおれのじいちゃんだ。名前は桜井健治郎《さくらいけんじろう》、あだ名は健《けん》ジイと申します」

ケンタがふざけた調子で言った。すると、マコトのおじいさんが二人に気がついた。

「おぉ、おかえりマコト、おや、ケンタも一緒《いっしょ》かい」と声をあげたので、何かにだまされているような気持ちになった。おじいさんもケンタを知っているのだ。ケンタがニヤリと笑って言った。

「耕平《こうへい》じいちゃんのことならさ、たぶん、マコトよりおれのほうがよく知っていると思うぜ。つきあいなげえからな」

二人のおじいさんは、いまのマコトやケンタよりずっと幼《おさな》いころからの友だちだったのだ。一緒に虫捕《むしと》りや魚捕りもして遊んでいたという。

東京で暮《く》らしていたときは、マコトはお父さんの友だちという人にさえ会ったことがなかった。ましてや、子どものときからの親友なんていう人は知らなかった。でも、ここではおじいさんが子どものころからの友だちといまもこうして将棋《しょうぎ》をさしている。それは、なんとなく不思議な光景だった。でも、なにかとても安心できることのようにも感じられた。きっと、ケンタともずっと、友だちでいられるだろう。そう思うと、自分がなにか大きなものに包まれているような気がした。

《ふるさとって、こういうものなのかな……》

マコトは〝ふるさと〟という言葉の意味を、初めて知った気がした。

田んぼから生きものが消えたわけ

奥《おく》でお茶の用意をしていたおばあさんに「ただいま」と言うと、マコトは、自分用の部屋《へや》になっている二階の部屋に駆《か》けこみ、本棚《ほんだな》から淡水魚《たんすいぎょ》の写真図鑑《ずかん》を引《ひ》っ張《ぱ》り出して縁側《えんがわ》に駆《か》けもどった。

「これ！　これがアカヒレタビラだよ。おじいちゃん、見たことあるよね。昔はこの辺の田んぼの用水路にたくさんいたって、お父さんが言っていたんだ」

マコトが開いた図鑑のページを、おじいさん、健《けん》ジイ、そしてケンタがのぞきこんだ。

「ああ、タナゴの仲間だな。たしかに昔は用水路にいくらでもいたがなあ。東京から釣《つ》りにくる人もたくさんいたよ。でもコンクリートで用水路を固めてからは、おらんようになったなぁ」

おじいさんが言った。すると、健ジイが言った。

「おれたちゃあ、この魚をマタナゴって呼《よ》んでいたよ。タナゴの仲間は種類《しゅるい》が多いようだが、この辺ではマタナゴとオカメの二つに分けて呼んでたな。こっちの写真の……タイリクバラタナゴか、これがいま、おれたちがオカメと呼んでいるやつだ。昔はゼニタナゴっていうのがいて、これが本来《ほんらい》のオカメだったんだけど、もうほとんどいなくなったな」

さすがに元漁師《もとりょうし》だけあって、健ジイは魚にくわしかった。おじいさんと健ジイが、かわるがわる図鑑をながめた結果、この辺で「マタナゴ」と呼ぶ魚は正式な名前でアカヒレタビラ、タナゴ、ヤリタナゴの三種類をまとめて指し、「オカメ」と呼ぶ魚は、タイリクバラタナゴとゼニタナゴの二種類を指すことがわかった。「オカメ」はうんとひらべったい形をしている。それにくらべると「マタナゴ」は三種類とも少しスマートな体つきだ。昔の人は、何種類もいるタナゴの仲間をこうした体の形の特徴《とくちょう》で大きく分けて呼んでいたらしい。

「用水路がコンクリートで固められると、どうしていなくなっちゃうんだろう」

マコトがたずねると、おじいさんも健ジイも「うーん」とうなって考えこんだ。やがて、健ジイが思いついたように言った。

「おお、そうだ、タナゴの仲間はな、みんな二枚貝《にまいがい》の中に卵《たまご》を産むんだ。この辺の川や湖ならドブガイとかイシガイとかだな。昔はカラスガイ、わしらはタンケイと呼んでいた大きな貝が霞ケ浦《かすみがうら》にたくさんいたんだが、もう見なくなったなあ。タナゴは、タンケイのような二枚貝の口のすき間から卵を産み付けるんだぞ」

このことはマコトも図鑑を読んで知っていた。タナゴのメスは「産卵管《さんらんかん》」という細い管をおしりからのばし、二枚貝の中に卵を産み付けるのだ。

「だけど、コンクリで固められた用水路では水の流れが速くて砂《すな》や泥《どろ》が流されちまうだろ、そういうところでは二枚貝《にまいがい》はすめんだろうな」

マコトは、コンクリートの用水路の底にゴロンところがっている二枚貝を想像《そうぞう》してみた。たしかに、そんな環境《かんきょう》では二枚貝はすめなそうな気がした。

健《けん》ジイは、さらに付け加えた。

「それに、卵《たまご》からかえったばかりの稚魚《ちぎょ》は泳ぐ力も弱くて、ぜんぶ流されちまうだろ。昔のように土のままの用水路なら、まわりに草も生えているし、水の中には水草がしげっていたんだ。その中は水の流れが勢《いきお》いをおさえられるから、タナゴや、他のいろんな魚の稚魚が育つことができたのさ」

マコトは、自分が泳ぐことを考えてみた。学校のプールや、流れのない池のようなところなら大丈夫《だいじょうぶ》だけれど、流れのはやいところで、しかもつかまるところが何もないコンクリートの壁《かべ》だったら、たちまち流されておぼれてしまうだろう。生まれたばかりの魚の子どももおなじはずだ。でも、川岸の草や水草があれば、その陰《かげ》で休むことができる。岸辺ちかくの草や水の中の水草は、稚魚にとって大切な安全地帯だったのだ。

「どうして用水路をコンクリートで固めたりしたのかなぁ」

とマコトが残念そうな口ぶりで言うと、マコトのおじいさんが「ハッハッハ」と笑い出した。

「そうだなあ、魚やほかの生きもののことを考えたら、用水路は土のまんまのほうが良かっただろうな。昔の田んぼはな、湿田《しつでん》といって、蓮田《はすだ》みたいに一年中水が張《は》ってあったんだ。そこにはドジョウやらタニシやらホタルやらがすんでいてな、梅雨《つゆ》のころは霞ヶ浦《かすみがうら》からナマズがたくさんのぼってきて卵を産んでいたよ。隆《たかし》がマコトの年ぐらいまでは、そんな感じだったなぁ」

隆というのは、マコトのお父さん、おじいさんの息子だ。お父さんが言っていたのはほんとうだったんだ、とマコトは思った。

おじいさんは、さらに話を続けた。

「昔は、田んぼに水を入れるときは用水路の水を入れていたんだ。水を板でせき止めて、田んぼにあふれさせたんだよ。だから、用水路はひろくて浅いほうが水を扱《あつか》いやすかったんだ。でも、いまは乾田《かんでん》といって、稲《いね》を育てるときだけ水を張って、冬には水を落としてしまう。田んぼも改良が進んで、水を入れるときはポンプでくみ上げる。用水路は田んぼから水を流しだすときにしか使わなくなったんだ。そうすると、用水路は細くて深いほうがいい。そのぶん田んぼをひろげられるから、お米がたくさん作れるだろう。だけど用水路のまわりの土がくずれやすくなるから、コンクリートで固めたんだよ。そのほうが水が早く流れてくれるし、草取りなどの手入れをする手間が省けるからな」

コンクリートの水路の方が便利で楽だったからだ。でも、冬も水を張った田んぼなら、ドジヨウもタニシもホタルも暮《く》らせたのに、どうして乾田《かんでん》に変えてしまったのだろう。乾田にしたほうが、お米がたくさんとれるのだろうか？　マコトは思ったことを口にしてみた。すると、マコトのおじいさんは、納屋《なや》のトラクターなどの機械をさして言った。

「一番右のがトラクターで、田んぼの土をおこしたり、田植えの前の『代《しろ》かき』といって、土を細かく砕《くだ》く作業をする機械だ。まん中のが田植え機。左のやつがコンバインという機械で、稲刈《いねか》りや、稲穂《いなほ》から籾《もみ》をとりだす脱穀《だっこく》という作業をするものだ。いまはああいう機械で田んぼ仕事をするんだよ」

いままで納屋をのぞいて、大きな機械を目にはしても、それぞれがどういう仕事をするのかなど、考えることもなかった。

「湿田《しつでん》の田んぼはな、一年中水が張ってあるから、泥《どろ》がうんと深くまで柔《やわ》らかくなる。昔は腰《こし》まで泥につかりながら田植えしたぐらいで、そりゃあ重労働だった。そんな田んぼにああいう大きな機械を入れると重さで沈《しず》んじゃって使えないんだ。乾田なら、冬の間に土が固くしまるから、重い機械が沈むこともない。それで、田んぼ農家はみんな乾田に切《き》り換《か》えていったのさ」

おじいさんの話しぶりには、生きもののすみかをなくしてしまった申《もう》し訳《わけ》なさもありながら、新しい時代の農業をつくりあげてきた誇《ほこ》りも感じさせた。

その日の夕ご飯のとき、マコトはお父さんに、おじいさんから聞いた話をした。田んぼにいたいろいろな生きもののこと、湿田から乾田に変わったこと、用水路がコンクリートに固められてアカヒレタビラや二枚貝《にまいがい》がいなくなったこと。おじいさんは、にこにことほほ笑みながらマコトの話を聞いていた。

「お父さんが子どものころって、ホタルが田んぼにいたんでしょう？　ゲンジボタルかな。それともヘイケボタル？」

「うーん、どっちかな。このくらいの大きさだったけどな」

と、指で一センチほどの大きさを示して言った。

「じゃあ、ヘイケボタルだ。いいなぁ。いまはもう、いないんだよね」

「え？　ホタルもいないのか。昔は夏のはじめの夕方、いっぱい飛んでたんだけどなあ」

お父さんはおどろいたように言った。自分が遊んだままの〝ふるさと〟のイメージを、いまもずっと持ち続けていたお父さんを、マコトは少しうらやましく、そしてどこかかわいそうに思った。いつの間にか、思い出の風景がなくなってしまったのだから。

「隆《たかし》は大学からずっと、東京にいたからな。どうだ、仕事のほうは。見つかりそうか？」

おじいさんが、やさしいまなざしでお父さんにたずねた。お父さんは、東京でしていたのとおなじ仕事を探《さが》している。働きたい人に仕事を紹介《しょうかい》する「ハローワーク」というところに相談にいったり、日雇《ひやと》いで工事の現場《げんば》に出かけたりしているけれど、前のように毎月お給料が出る会社にはなかなかめぐり合えない様子だった。

「うーん、この御時世《ごじせい》、きびしいね」

お父さんは一言、そう答えただけだった。

おじいさんと一緒《いっしょ》に、田んぼづくりの仕事をすれば良いのにな、と、マコトは思ったけれど、言葉には出さなかった。お父さんは農業よりも建設《けんせつ》の仕事がしたくて東京に出ていたのだから、会社が倒産《とうさん》したからといって建設の仕事をあきらめるのは、きっと嫌《いや》なのだろう。引《ひ》っ越《こ》してからのお父さんは、少し元気がなくなったように見えた。早く元気に働いて笑っているお父さんにもどってほしい、とマコトは願っていた。

「まあ、そんなにあせらないで、いままで働きづめだったんだから、少しゆっくりしてください。私もパートで働けるようになったし、なんとかなるわよ」

お母さんがねぎらうような口調《くちょう》で言った。

お母さんはいま、運転免許《めんきょ》を取るために教習所に通うのと、スーパーでのパートの仕事でいそがしい。朝には学校にいくマコトよりも先に、お父さんの運転する車で教習所のある町まで出かけ、そのままスーパーに行って仕事をする。そして夕ご飯のしたく前にバスで帰ってくる。マコトには、自動車をさっそうと運転しているお母さんの姿《すがた》をどうもイメージできなかった。

「今日は縦列駐車《じゅうれつちゅうしゃ》っていうのをやったわよ。車を駐車させる一番むずかしい方法なの。とにかく、こっちでは車が運転できないといろいろ大変だからね」

「私が取れたんだから、由紀子《ゆきこ》さんに取れないわけがないですよ」

おばあさんが笑いながら言った。

「えっ！　おばあちゃんも運転できるの？」

マコトがおどろくと、おじいさんがおかしそうに言った。

「軽トラックを乗り回してたんだけどな。田んぼのあぜ道からタイヤが落ちて動けなくなって、それ以来、運転していないんだ」

みんなで大笑いになった。いろんな意味で、東京にいたころとは暮《く》らし方が変わったんだな、とマコトは思った。

湖の姿が変わったわけ

つぎの日曜日、お昼ご飯を食べたあとに、マコトはおじいさんが運転する車で出かけた。ケンタと一緒《いっしょ》に、健《けん》ジイの舟《ふね》で霞ケ浦《かすみがうら》の沖《おき》に連れていってもらうのだ。そこで、二人のおじいさんが湖の昔といまの話をしてくれる約束になっていた。田んぼの中の道をしばらく走ると、やがて湖の土手が見えてきた。その土手をのぼると、目の前に大きな湖の光景がひろがった。

「あそこの舟《ふな》だまりだ」

おじいさんが指さすほうを見ると、小さな港のように堤防《ていぼう》で囲まれた舟だまりに何そうかの小舟《こぶね》が連なり、そのうちの一そうの上で手を振《ふ》っているケンタと健《けん》ジイの姿《すがた》が見えた。

車を降《お》りたマコトは、まず湖の岸を見てみた。やはり、コンクリートの岸は垂直《すいちょく》の壁《かべ》のような形になっていた。岸のまわりには草が生えているようなところはなく、水が濁《にご》っていて中まで見えないけれど、水草が生えているような様子ではなかった。

これでは、メダカも卵《たまご》を産めないし、アサザの種だって芽を出せる場所がない。学校のビオトープでケンタとカオリが教えてくれた池の仕組みを思い出しながら、「コンクリートの工事」が生きもののすみかを奪《うば》ってしまったことを感じた。沖《おき》から吹《ふ》きつける風で打《う》ち寄《よ》せる波が、ザンッ、ザンッ、ザンッ、とコンクリートの岸に打ちつけられ、岸から跳《は》ね返《かえ》った波と、沖から来る波とが絡《から》みあい、水面は大きなおろし金《がね》の刃《は》のように激《はげ》しく波打ってもみくちゃになっていた。もし、じぶんがメダカだったら、こんなところにはとてもすめない気がした。

「濁《にご》っていてなんにも見えんだろ。昔は底まで見とおせるぐらいに澄《す》んでたんだがな」

健ジイが声を掛《か》けてきた。

「こんにちは、今日はお世話になります」

「へへっ、マコト、いいから早く乗れよ」

舟の上からケンタが言った。

四人を乗せた小舟はブルルンッとエンジンを軽く鳴らすと、ゆっくりと湖をすべりだした。

湖のほうから岸を見ると、灰色《はいいろ》のコンクリートの岸がどこまでも続く。

「こうして見ると、霞ヶ浦《かすみがうら》もずいぶん変わっちまったなあ」

マコトのおじいさんがつぶやいた。

「あぁ、昔は岸が一面のヨシ原だったからな。その中から船を出すのもひと苦労だったさ。舟を出すのは楽になったがなぁ、魚は捕《と》れんようになった」

船の後ろでエンジンを操《あやつ》りながら、健ジイが大声で言った。

でも、東京の多摩川《たまがわ》ではコンクリートの土手と川の間に草の生えた川原がひろがっていた。霞ヶ浦でも、同じようにヨシ原が残っていてもよさそうなものだった。

「ああ、工事でヨシ原はずいぶんつぶされたが、残っていたところもあった。だがな、岸のまわりを見てみな。沖から来た波が、そのままコンクリートにぶちあたって、打ち返しているだろう。あの波が、工事の後も残っていたヨシ原やヤナギの木をみんな流し去ってしまったんだ。昔は、水の中のアサザやモクが波の勢《いきお》いをおさえていたから、岸にあんな強い波が打ちつけることはなかったよ。モクやアサザは、天然の波消し装置《そうち》だったんだな」

「〝モク〟って、なんですか?」

マコトは知らない言葉を聞くと、すぐに意味をたずねるようになっていた。

「ああ、モクっていうのは、水ん中に生えている水草のことさ。モクモク生えているからモクと呼《よ》んだのかもしれんな。それこそ、沖《おき》の方までびっしりと生えていたぞ。魚にとっちゃあモクの中は波が来ないし、隠《かく》れ家《が》にもなる。えさになるプランクトンもいっぱいだから魚の稚魚《ちぎょ》がたくさん暮《く》らしていたんだ。そのモクがなくなっちまったら、魚はあっというまにいなくなった」

「アサザがなくなっちゃった理由はわかるけど、モクはどうしてなくなったのさ」

今度はケンタがたずねた。たしかに、水の中にはえているというモクは波の影響《えいきょう》を受けないだろうし、アサザのように種が岸の土に流れ着けなくても茎《くき》を伸《の》ばして増《ふ》えていけそうなものだ。

「はっは、モクは水の中の植物だ。植物はお日さまの光を浴びないと育つことができん。太陽の光を浴びて、水中の二酸化炭素《にさんかたんそ》を吸《す》い、酸素《さんそ》を出しながら生長するんだ。知ってたか?」

「光合成《こうごうせい》だろ。知ってるよ。酸素を生み出してるのは森とかの植物だもんな」

「そうか。じゃあ、ちょっと水の中に腕《うで》を入れてみな」

健《けん》ジイが舟を止め、マコトとケンタは船べりから片手の手首を水の中に入れてみた。

「もっと深くだ。ひじまで入れてみろ。どうだ、自分の指先が見えるか？」

ひじまでまっすぐ水の中に入れていくと、緑がかった茶色の水の中で、やがて指先が見えなくなってしまった。

「ほら、もう見えなくなっただろう。昔は船の上から底まで見えたんだがな。そのころとはくらべものにならんほど、水が濁《にご》ってしまったのさ。その濁った水の中に、お日さまの光は届《とど》くかね？　深く潜《もぐ》れば、水の中は昼間でも真っ暗やみだぞ」

健ジイの言葉を聞いたマコトとケンタは、一瞬《いっしゅん》考えこんでから同時に「あっ！」と声をあげた。湖の濁りがひどくなったから光合成ができなくなり、水草のモクは育つことができなくなってしまったのだ。

あたりは、緑がかった茶色の水が一面に漂《ただよ》っている。この大きな湖の水を、どうすれば元のように澄《す》んだ水にすることができるのだろう。もうどうやっても取り返すことのできないことが起きてしまったように思えた。

マコトのおじいさんがなつかしそうに言った。

「昔はなぁ、とくに冬は水がよく澄んだから、湖の深い底の方まで見えたんだ。そんなときはよく健ジイ……ガキのころの健治郎《けんじろう》と、大きなタンケイを釣《つ》ったんだよ」

「え？　タンケイって、カラスガイを釣《つ》るの？　どうやって？」

貝が釣れるなんて、マコトは考えてもみたことがなかった。

「はっはっは、これは冬の遊びでな、健治郎《けんじろう》の家の舟に乗せてもらって、湖にこぎだすんだ。湖の底に顔を出しているタンケイを見つけたら、背の高いヨシの穂《ほ》や葉をむしって茎《くき》だけにしたさおを、そうっと延《の》ばすんだ。二枚貝《にまいがい》は少しだけ殻《から》をあけて呼吸《こきゅう》をしているだろう、そのすき間にヨシのさおの先をぐいっと突《つ》っこむ。するとタンケイはおどろいて殻をギュッと固く閉《と》じるんだ。そうすれば、もう外れない。ゆっくりとさおをたぐり寄《よ》せると、タンケイが釣り上がるというわけさ。タンケイの殻はボタンの材料になったが、食べてもうまかったぞ」

それを聞いた健《けん》ジイが楽しそうに話しだした。

「耕平《こうへい》はタンケイ釣りが得意だったな。だが、夏のタンケイ掘《ほ》りはおれのほうが上だったぞ。泳ぎながらタンケイを見つけては舟に放り上げていくんだ。うんと小さな小舟だったが、山盛《やまも》りになったタンケイの重さで沈《しず》んじまったことがあったなぁ」

「タンケイって、家に貝殻《かいがら》が残っているけど、こーんなに大きくてさ、あれは貝の王様だな」

ケンタはそう言って、マコトの頭より大きな形を両手で作ってみせた。そんな貝がいたのに、いまはもう姿《すがた》を見ることはできないのだと思うと、マコトは残念な気持ちになった。大人になったら、図鑑《ずかん》に載《の》っている魚や生きものを見たり捕《と》ったりする旅をするのが、小さなころからのマコトの夢《ゆめ》だったのだ。でも、もうそんな旅は出来なくなってしまうのかもしれない。

「昔は底まで澄《す》んでいた湖なのに、どうしてこんなに濁《にご》ってしまったんですか？」

マコトの問いに、健ジイは少し考えるように黙《だま》ってから、ゆっくりと話しだした。

「戦争の後、日本全体が豊《ゆた》かになろうといろんな開発がどんどん進められた時代があったんだ。水を貯《た》めるためのダムや、洪水《こうずい》をおさえるためのダムがたくさん作られた。それはな、たしかに多くの人々の暮《く》らしに役立つものだったかもしれん。だが、川や湖の生きものや、それを捕ることで暮らしていた漁師《りょうし》にとっては、つらいもんだった。霞ヶ浦《かすみがうら》でもおなじでな、洪水を早く海へ流すために川を深く掘《ほ》り下《さ》げたり、水を湖にたくさん貯めるために川を閉《と》じる水門を作ったりしたんだ。霞ヶ浦は皿のようにうんと浅い湖だから、水門を作って水を止めただけじゃあ貯まった水があふれちまうだろ。だから、皿の縁《ふち》をなべみたいな形にするために土手の背《せ》を高くして、岸をコンクリートの壁《かべ》で固めたんだ。それでヨシ原が消えていってしまったというわけさ」

いまの霞ヶ浦が、水を貯めるダムのような仕組みに変わっていることを、少し前にカオリが地図を見せながらマコトに教えてくれたことがある。霞ヶ浦は海ととなりあった湖で、その水が流れ出して海に注ぐ常陸利根川《ひたちとねがわ》という川がある。その川に作られた水門の鉄の扉《とびら》が湖をせきとめているのだ。この水門は「逆水門《ぎゃくすいもん》」といって、満ち潮《みしお》のときに海から塩分の混《ま》じった水が入ってくるのを防《ふせ》ぐ役目もあるらしい。この水門で貯《た》めた霞ヶ浦の水を、新しくひろげた大きな田んぼや畑、それに工場などで使う水に利用しているそうだ。

「昔の霞ヶ浦《かすみがうら》はな、〝鯨《くじら》以外は何でも捕《と》れる〟と言われたぐらい、いろんな魚が捕れたんだ。おれの若いころは帆引《ほび》き船といって、大きな大きな帆《ほ》を張《は》った船で網《あみ》をひいてな、ワカサギやシラウオを山ほど捕っていたもんだ。だが、水門でせきとめられて、湖と海との水の行き来がなくなると、ウナギとかスズキとか、海から来ていた魚がほとんどいなくなっちまったんだ」

健《けん》ジイがさびしそうに言った。昔は「ヌマガレイ」という、カレイの一種もいたそうだ。

霞ヶ浦は海に近い湖だから、潮が満ちてくると海水の混じった川の水が逆流《ぎゃくりゅう》して湖に入り、潮が引くと、また川や海に流れ出ていた。そうして水が入れ替《か》わることで、霞ヶ浦はいつも新《しん》鮮《せん》な水をとり入れることができたそうだ。ところが水門が作られて鉄の扉《とびら》で川が閉《と》ざされると、水の行き来がなくなったために水はうんと汚《よご》れて濁《にご》ってしまった。そしてヨシ原やモクがなくなり、稚魚《ちぎょ》が育つ場所や、餌《えさ》になる動物プランクトンもいなくなってしまった。これは霞ヶ浦だけの話ではなくて、ダムとか、河口堰《かこうぜき》とか、川の流れを止めるものを人間が作ると、水がひどく汚れてしまい、いろんな生きものが暮《く》らせなくなってしまうのだそうだ。

水門が作られたために、魚が捕れなくなって漁師《りょうし》をやめたという健ジイの話を聞いて、マコトは胸《むね》に大きな暗い穴《あな》ができたような気持ちになった。

《もう、生きものがたくさんいる川や湖で遊ぶことはできないのかな》

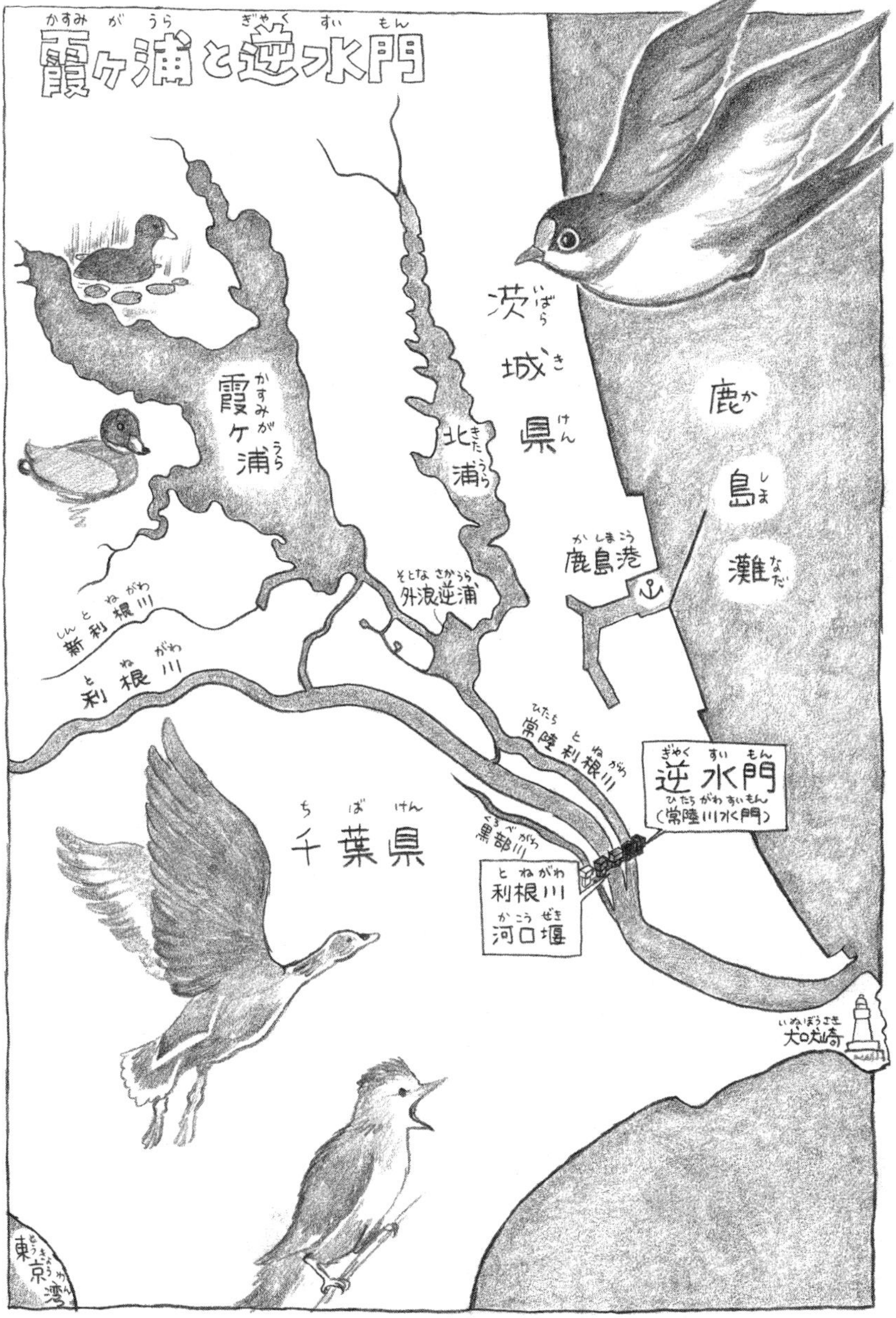

霞ケ浦《かすみがうら》と逆水門《ぎゃくすいもん》
茨城県《いばらきけん》
霞ケ浦《かすみがうら》
北浦《きたうら》
鹿島灘《かしまなだ》
鹿島港《かしまこう》
外浪逆浦《そとなさかうら》
新利根川《しんとねがわ》
利根川《とねがわ》
常陸利根川《ひたちとねがわ》
逆水門《ぎゃくすいもん》
（常陸川水門《ひたちがわすいもん》）
千葉県《ちばけん》
黒部川《くろべがわ》
利根川《とねがわ》
河口堰《かこうぜき》
犬吠埼《いぬぼうさき》
東京湾《とうきょうわん》

マコトがぼんやりそんなことを考えていると、ケンタが不思議そうに言った。

「でもさ、水門が完全に閉じて水の行き来が止まったのは、工事がみんな終わってからの話だろ。霞ケ浦《かすみがうら》は、それより前から汚《よご》れてきていたって、父ちゃんが言ってたよ。水が汚れたのは、水門のせいだけじゃないんじゃない？」

すると、今度はマコトのおじいさんが答えた。

「ああ、そうだ。ケンタ、大事なところに気がついたな。たしかに、水門が完成して閉《と》じる前から霞ヶ浦は汚れはじめていたよ。それはヨシ原やモクがなくなってしまったからさ。ヨシ原やモクは、水の中の汚れを吸《す》いとってきれいにしていたんだ」

ヨシ原が水をきれいにしていた？

「いいかね、ヨシやモクも、野菜とおなじ植物だ。植物が育つには栄養がいるだろう。とくにたくさん必要な栄養分が窒素《ちっそ》とリンだ。じつは、湖を汚している成分のほとんどは、この窒素とリンなんだ」

なんだか急にむずかしい話になってきた。窒素とリン？　それは植物の栄養なのに、湖を汚している成分だなんて、どういう意味だろう。

マコトもケンタも頭のまわりに「？」マークをいっぱい並べた顔つきになった。

「はは、ちょっとむずかしかったかな。そうだ、昔はウンコやションベンを肥《こえ》だめに貯《た》めて畑の肥料《ひりょう》にしていたのは知っているだろう？　あの肥だめの肥《こ》やしの主な成分が、窒素とリンなんだ。窒素やリンが湖に流れこんで貯まってしまっているのに、それを吸い上げて育つ湖の植物がなくなってしまったら、どうなるかな？」

「あ！　わかった。湖の水が、肥だめの肥やしみたいになっちゃったんだ」

ケンタが大きな声で叫《さけ》んだので、二人のおじいさんは声をあげて笑った。そして健《けん》ジイが言った。

「まあ、肥だめの肥やしほどじゃねえが、似《に》たようなもんになっちまった。そういうのを富栄《ふえい》養化《ようか》、というんだ。富栄養化というと、なんだか栄養がいっぱいあるから良さそうに聞こえるけど、どんなに栄養があっておいしいごちそうだって、何日も置いておけば腐《くさ》ってしまうだろ。おなじことが、水の中でおきるんだ。栄養分がどんどん増《ふ》えて腐ったようになり、水が濁《にご》っていく。水が濁ると水の中のモクが太陽の光を浴びられなくなって、とうとう消えてしまったのさ。ものすごい量のモクが水の中で繁《しげ》って窒素やリンを吸いとっていたのに、それがなくなり、ますます汚れの成分が貯まっちまったんだよ。そんなところだな、耕平《こうへい》」

「ああ。昔はなぁ、いくらでも生えていたモクを刈《か》りとって、畑の肥やしにしていたんだよ。モクが吸《す》いとった湖の栄養分を取りだして、野菜の栄養にする。それを人さまがいただくんだ。そうやって、農家は湖をきれいにしていたんだぞ」

それを聞いた健《けん》ジイも負けずに言った。

「漁師《りょうし》だって、魚を捕《と》ることで、湖から栄養分を取りだしていたさ。魚の体も窒素《ちっそ》とリンからできているんだからな。それを人さまに食べてもらうことで、湖をきれいにしていたんだ」

「ふーん、でもさ、汚《よご》れた水も流れこんできたんだよね。排水《はいすい》が日本中の川や湖を汚しているって、テレビとかで言ってるじゃん。やっぱり、工場の廃水《はいすい》とかが流れてきたんだよね」

ケンタが言った。そういう汚れの原因《げんいん》が、霞ヶ浦《かすみがうら》にだってないはずがない。二人のおじいさんはしばらく黙《だま》っていたけれど、健ジイが説明しはじめた。

「工場の廃水もな、一時はあった。だけど公害問題が大きくなって、工場からの廃水は法律《ほうりつ》で厳《きび》しく規制《きせい》されるようになったんだ。だから、工場の廃水は、いまの霞ヶ浦ではあまり大きな問題じゃねえな。いま、湖を汚しているのは普通の家庭からの排水のほうだろう。油汚れも洗《せん》剤《ざい》も流し放題だからな。もちろん、排水処理場《はいすいしょりじょう》である程度《ていど》はきれいにされてから湖に流されるんだが、とても充分《じゅうぶん》には汚れをとりきれてねえ」

家庭からの排水のことは、マコトもうすうすとは感じていた。でも、自分やお母さんが台所や洗濯機《せんたくき》から流す水が、工場よりも川や湖を汚しているなんて、信じたくない気がした。

すると、マコトのおじいさんが、少し話しにくそうに言った。

「じつはな、いまは農業からの排水も、うんと湖を汚しているんだ。とくに田植えの時期は

『代《しろ》かき』といって、苗《なえ》を植えやすいように泥水《どろみず》の中で土をかき回して柔《やわ》らかくする作業をするから、泥水がうんと流れ出すんだ。昔は、浅くてひろい用水路で、水の中には水草がしげっていたし、まわりにも草があったから、田んぼから出た水は草の中で泥をおとしながらゆっくり流れて、湖に入るころにはきれいになっていた。だんだん用水路の底にたまる泥を水草ごとかきだして、また畑や田んぼに戻《もど》せば、いい肥料《ひりょう》になったんだよ」

田んぼからの水を流しやすくするように用水路をコンクリートで固めてしまったために、田んぼの泥がそのまま湖に流れ出るようになってしまった。それに、よそから化学肥料を買ってきてたくさん使うから、田んぼの水に窒素やリンがうんと含《ふく》まれているそうだ。牛や豚《ぶた》を飼《か》う農家からの排水も、家畜のふんやおしっこからの窒素やリンがたくさんふくまれているという。

「わしは農家として、湖に申《もう》し訳《わけ》ないことをしている気持ちになるな」

おじいさんが悔《くや》しそうにつぶやき、ケンタも黙りこんだ。舟の上は少し物悲《ものがな》しい雰囲気《ふんいき》になった。すると健ジイが、妙《みょう》に明るい口調《くちょう》で言った。

「まあ、そういう意味じゃあ、漁師をやめてコイの養殖《ようしょく》やっているおれもそうだな。よそからえさをもってきて生《い》けすのコイにうんと与《あた》えているし、コイもどっさりふんをするからな。これも湖の富栄養化《ふえいようか》に影響《えいきょう》を与《あた》えていないとは言えんだろうなぁ、はっはっは」

「……じいちゃん、それ、余計《よけい》に落ちこむよ。なんかもっと明るい話はないの?」

ケンタが怒《おこ》ったような声で言った。

「わっはっはっは、そうか、すまんすまん、おい耕平《こうへい》、そろそろ例のところにいくかい」

「ああ、そうだな、日が暮《く》れる前にもどらんと、この子たちの母親にどやされるしな」

二人のおじいさんは、急に子どものようないたずらっぽい顔つきになった。エンジンが唸《うな》りを高めると、小舟はぐいぐいと加速を始めた。

「どこにいくの!」

マコトがエンジンと風の音の中で叫《さけ》ぶと、二人のおじいさんが同時に叫んだ。

「秘密《ひみつ》の場所だ!」

生きている湖

小舟はちいさなジャンプをくり返し、マコトとケンタはそのたびに船底の板でおしりをどしん、どしんと打ちつけられた。

流れゆく湖の風景のところどころで、ちいさな小屋のようなものが水の上に建てられているのが見える。

「あれがコイ養殖《ようしょく》の網生《あみい》けすだ！　でっけえ網を水の中に張《は》って、そこでコイをたくさん飼《か》っているんだぜ！」

ケンタがマコトに向かって叫んで説明する。マコトは首を大きく縦《たて》に振《ふ》って、「わかった」という素振《そぶ》りをする。ひろい湖の沖《おき》に出た小舟は、遠くに見える対岸の岸に向かっていった。

しばらくの間全力疾走《しっそう》した小舟がエンジンの音を低くし、スピードを落としたとき、目の前に近づいてきた岸は、灰色《はいいろ》のコンクリートの壁《かべ》ではなく、緑色の背の高いヨシに覆《おお》われていた。

まだ、こんなところも残っているんだな、とマコトは目を見はった。

「ここはな、霞ヶ浦《かすみがうら》に残っている一番大きなヨシ原なんだ。この辺りは、まだ昔の霞ヶ浦の面《おも》影《かげ》が残っているな」

健ジイが自慢げに言った。〝秘密の場所〟とは、ここらしい。

「マコト、ミサゴだ！」

ケンタが叫んで指さす空を見ると、いままで見たことのない猛禽《もうきん》が長い翼《つばさ》をひろげて飛んでいた。飛ぶ姿《すがた》はトンビに似《に》ているけれど、色が白っぽい。それに、もっと堂々とした雰囲気《ふんいき》がある。

「あいつは大物《おおもの》の魚専門《せんもん》のハンターなんだ。トンビよりずっと魚を捕《と》るのうまいんだぞ。ドッパーンって、水の中に突《つ》っこんでって、でっかいボラもしとめるんだぜ。迫力《はくりょく》あるだろう」

ミサゴはトンビよりも大きく、この辺りにいる中では一番大きい猛禽《もうきん》だ。白い頭に、サングラスをかけたみたいな模様《もよう》の顔をしていて、格好《かっこう》よかった。

ヒバリが空に高だかと舞《ま》い上《あ》がって黒い小さな点となって「ピーチル、ピーチル、ジュルピー、ジュルピー……」と歌い続けている。

ヨシ原からは、なにやらにぎやかに鳴き続ける鳥の声が聞こえる。

「ギョッ、ギョッ、ケケシッ、ケケシッ、チカカン、チカカン、クカカッ、クカカッ……」

ひときわ背《せ》の高いヨシのてっぺん近くに止まった小鳥が口を大きく開け、空に向かって鳴いている姿《すがた》が見えた。

「あれがヨシキリだ。正確《せいかく》にはオオヨシキリというがな。天のヒバリと地のヨシキリが互《たが》いの縄《なわ》ばりを宣言《せんげん》しているみたいだろ」

と、おじいさんが言った。ヨシの葉が風にそよいでサラサラと音をたて、ヒバリとオオヨシキリが鳴き競うヨシ原の〝音の景色〟からは、いろいろな生きものが元気いっぱいに生きている楽しさが伝わってくる気がした。

「チィーンッ！」という金属的《きんぞくてき》な声がして、目の前をエメラルドグリーンに輝《かがや》く小鳥が飛《と》び抜《ぬ》け、すぐ近くのヤナギの木の枝《えだ》に止まった。まるで宝石《ほうせき》のように美しい鳥だ。

「カワセミだ！」

ケンタが小さく叫《さけ》んだ。小さな体に長いクチバシをもっている。木の枝から水面を見下ろしていたカワセミは、また飛び立ったかと思うと空中に止まって羽ばたき、つぎの瞬間《しゅんかん》、水の中に飛びこんだ。小さなしぶきが消える前にすぐ空中に舞い上がり､元の枝にもどったときには、クチバシの先に小魚をくわえていた。その小魚を枝に叩《たた》きつけて弱らせると、一息に飲みこんだ。

マコトは声も出せぬほど興奮《こうふん》していた。まるでテレビのドキュメンタリー番組の中のような光景が目の前で起こったのだ。

健《けん》ジイが足元の袋《ふくろ》の中から長い網袋《あみぶくろ》のようなものを取りだした。その網の下には鎖《くさり》がついていてシャラシャラという音がした。投網《とあみ》だ。

「わしらもちょっとだけやってみようかね」

つぎの瞬間、健ジイは投網をたばねてもった両手を大きく振《ふ》った。網がぱっと空中で花火のようにひろがり、大きな水しぶきの輪を描《えが》いて水面に沈《しず》んだ。ケンタが船べりからバケツで水を汲《く》んで待ちかまえている。すぐに引き上げられた網の中には、何匹《なんびき》もの小魚がはねていた。網から外されて船底に落ちた小魚を、ケンタとマコトが拾い上げてバケツに入れる。

「これはクチボソ、これはタモロコ、タイリクバラタナゴ……」

ケンタが魚の名を言いながらバケツに入れていく。マコトも一緒《いっしょ》に種類《しゅるい》を確認《かくにん》しながら魚をバケツに移《うつ》す。

「…ん？　これ、ちょっとちがうな」

ケンタが手を止めて言った。手の中の魚を見ると、ひらべったい体をしたタナゴの仲間だ。

「アカヒレタビラじゃない？」

マコトの言葉に、健《けん》ジイがのぞきこんで言った。

「おお、そうだな。このあたりならいると思ったが、捕《と》れたか」

「やったあ！」マコトとケンタが叫《さけ》んだ。その後も何度か健ジイが投げた網の中に、合計で五匹のアカヒレタビラが入った。

「ようし、魚捕りはこのぐらいにして、少し移動《いどう》しよう」

健ジイはまた舟を動かし出した。バケツの中にはアカヒレタビラと、他の小魚が何匹《なんびき》かずつ残してある。マコトが家に持って帰って水槽《すいそう》で飼《か》うためだ。バケツの中で泳ぐ魚たちをながめていると、マコトはうれしさで顔が自然に笑ってしまった。

つぎに舟が止まった場所は、小さな入り江《いえ》のようになっているところだった。

「あそこを見てみな。よく知っている水草が生えているだろう」

健ジイが指さした先の水面には、丸い小さな葉が浮《う》かび、黄色い花が顔を出していた。アサザだ。

そこは、コンクリートの岸で囲まれた入り江《いりえ》の中に、自然の岸がわずかに突《つ》きだす形で残っている場所だった。アサザは、その自然の岸のまわりの水面に葉をひろげていた。

「ここは入り江になっていて強い風や波が来ないし、少しだけど自然の岸が残っているからな。アサザも自然のままで残っているんだ」

健《けん》ジイはそう言うと、アサザの葉を傷《いた》めないよう慎重《しんちょう》にエンジンを操《あやつ》りながら舟を岸につけた。岸辺に飛《と》び降《お》りたマコトとケンタがアサザのしげみを観察すると、沖《おき》から伝わってくるさざ波が、アサザの葉の中でおさえられ、ほとんど消されている様子がわかる。アサザの葉っぱと葉っぱの間の水面は、まるで池の水のようにしずかになっていた。

「本当に、アサザの葉っぱは波をおさえる力があるんだねぇ」

と、マコトが言うと、おじいさんが答えた。

「そうだ。自然や生きもののことは言葉で言ってもなかなかわからんもんだからな。じかに見るのが一番だと思ったわけさ」

「……だがまあ、昔にくらべたら、こんな場所もずいぶん少なくなっちまったがな。さっきのヨシ原も、だんだん小さくなってきている気がするよ」

健ジイが少しさびしげに言うと、ケンタが励《はげ》ますような口調《くちょう》で言った。

「だから、おれたちが学校でアサザを育てているんじゃん。来週は湖に植え付けをするんだよ」

「ああ、そうだったな。じいちゃんも手伝いにいくよ。ケンタやマコトたちにはがんばってもらわないとな」と、笑いながら健ジイが答えた。

「え？　手伝いに来てくれるんですか？」

マコトがおどろいてたずねた。学校での活動に、おじいさんたちが参加するなんて想像《そうぞう》もしなかったからだ。するとマコトのおじいさんが答えた。

「おお、わしもいくぞ。そういうおもしろいことはみんなでやらんとな」

それを聞いたマコトは、また、あの不思議なやさしさに包まれている気持ちになった。二人のおじいさんが子どものころからの親友であったことを初めて知ったときに感じた、〝ふるさと〟という感触《かんしょく》だ。

アサザを育てて湖に植えることは、「自然や生きもの」だけを守ろうとしているのではないような気がした。

第3章　アサザの咲く湖・トキの舞う空

トキ

アサザの苗《なえ》の育て方

「は～い、それではみんな、体育館に移動《いどう》しましょう！」

ユリカ先生の号令で、教室のみんながぞろぞろと体育館に向かった。四年生や六年生も一緒《いっしょ》だ。夏休みの一週間前の今日、総合学習《そうごうがくしゅう》の時間でイージマ先生の授業《じゅぎょう》があるのだ。明日は、ビオトープで育ててきたアサザやヨシなどの水草を霞ヶ浦《かすみがうら》に植え付ける日。その前に、みんなが水草を育てて湖に植えている取り組みが、どんな意味をもっているのかを説明をしてくれるそうだ。

渡《わた》り廊下《ろうか》に出ると、アブラゼミとミンミンゼミがにぎやかに合唱している。もう、夏の真《ま》っ盛《さか》りだ。この間まで、梅雨《つゆ》明けの季節を知らせるニイニイゼミの軽やかな「チィー…」という声が聞こえていたけれど、もうその声は聞こえなくなっていた。

体育館のわきには、アサザの苗を育てているポリバケツがずらりと並《なら》んでいる。マコトの体がすっぽり入るぐらいの大きなバケツだ。アサザはビオトープの池だけでなく、ポリバケツでも育てられている。アサザの苗の育て方は、普通《ふつう》の草花とはちょっと変わっている。ポリバケツで苗を育てる場合は、まず園芸用のポットに種を植え、芽を出したアサザをポットごと浅く水を張《は》ったポリバケツに沈《しず》める。そしてバケツの水をだんだん増《ふ》やしてやると、アサザは水面に浮《う》く丸い葉が沈《しず》まないように茎《くき》を伸《の》ばしていく。こうして茎を充分《じゅうぶん》に伸ばさせてから、苗を湖に植えるのだ。

ビオトープのアサザを湖に植える場合は、池から抜《ぬ》き取《と》ったアサザをそのまま湖に植えてもうまく根が張れずに流されてしまう。だから一度ポットに植え直してポリバケツの水の中に沈め、二カ月ほどポットの土の中でしっかり根を張らせてから、土ごと湖に植え付けるのだ。

こうしてアサザを育てているのは霞ヶ浦のまわりの一〇〇校以上の小学校や中学校の生徒たちだ。絶滅《ぜつめつ》が心配されているアサザをはじめ、ヨシやオニバスなど、さまざまな水辺の植物を育てて霞ヶ浦に植えている。

ただし、霞ヶ浦はとてもひろい湖なので、もともと生えていた場所がちがうアサザはそれぞ

アサザの育て方
湖からアサザの種を集める
湖からアサザの苗を採取する
アサザの種は水に浮く
学校のビオトープで育てる
成長にあわせて水位を
春
バケツで育てる
芽が出る
ビニルポットなどに植える

湖への植えつけ
湖へ戻す
まず
スコップで
穴を掘る～
最後に
土をかけて
あげるんだ
ニツ折の針金の
ピンで根を
とめる
ないよ～

れ少しずつちがう特徴《とくちょう》をもっているそうだ。だから、それぞれの場所に生えていたアサザを学校ごとに受けもって苗《なえ》を育てている。よそから持ってきたメダカと、その土地にもともとすんでいたメダカをごちゃまぜにしてはいけないのとおなじように、アサザも、もともと生えていた場所ごとに苗を育て、もとの〝ふるさと〟に植《う》え戻《もど》さなければならない。

〝ふるさと〟がおなじ場所のアサザを育てている学校どうしは、お互《たが》いに協力して苗を育てている。学校によって、あるいはその年によって、苗が豊作《ほうさく》だったり不作だったりするからだ。今年は、マコトの学校のアサザはとても豊作になった。明日の植え付けに使う苗はバケツのものだけでじゅうぶんなので、ビオトープの苗は不作だった近くの学校の植え付けにつかわれることになったそうだ。こうして、霞ケ浦《かすみがうら》全体のアサザが、湖のまわりのいくつもの学校で守り育てられている。

生きものの言葉

体育館に中に入ると、演台《えんだい》の前に大きなホワイトボードが三台も並《なら》んで用意されていた。みんながホワイトボードを囲むように座《すわ》ると、カオリがマコトのとなりに座って言った。

「イージマ先生ってね、ああいうところに大きな絵を描《か》くのが好きなの。鳥とか、魚とか、花とか。字はほとんど書かないんだけど、そのほうがわかりやすいかもね」

「そうなんだ。ねぇ、ケンタから聞いたんだけど、カッパみたいな顔しているって、ホント？」

「見りゃあ、わかるって」

マコトの後ろに座《すわ》っていたケンタが言った。

やがて、教頭先生と一緒《いっしょ》にイージマ先生が現《あらわ》れた。眼鏡《めがね》をかけているけど、思っていたより若《わか》い人だ。三角おにぎりを逆《さか》さにしたような、あごの細い顔をしている。

「カッパって、ああいう顔してたっけ？」

「ああ、そっくりだ。あれで顔を緑色に塗《ぬ》ったらカッパそのものだよ」

ケンタがおかしそうに言った。

「えー、みなさん、明日はいよいよ、みなさんが大切に育ててきたアサザを霞ヶ浦に植える日ですね。そこで今日はイージマ先生に、アサザがどうやって霞ヶ浦の水をきれいにしているのかを教えてもらいましょう。よく聞いて、明日の植え付けの大切さを理解《りかい》してくださいね。それでは、イージマ先生、お願いいたします」

教頭先生に紹介《しょうかい》されたイージマ先生は、ちょっと困《こま》ったように笑いながら話しはじめた。

「みなさん、コンニチハ、イージマです。去年、ビオトープを作ったときの子はいまの五年と六年生かな。今年の四年生に会うのは初めてだよね。

いま、教頭先生からアサザが水をきれいにしているっていう話がありましたけれど、じつは、アサザだけでは水はきれいにならないんです。アサザやヨシやマコモなどの植物、植物のまわりにすんでいるトンボや魚、鳥などいろいろな生きものたちが協力して、自分たちがすみやすい水の状態《じょうたい》を保《たも》っているんだね。今日は、その話をしたいと思います」

それを聞いた教頭先生が、思わず照れ笑いをしながら頭をかいた。

「教頭先生、前の授業《じゅぎょう》でもおなじこと言ってイージマ先生に直されていたわよ。『アサザを植えれば水がきれいになります』って。なんか、そんなふうに思いこんじゃっているみたいね」

カオリがひそひそ声で言った。

「へへっ、けっこう多いぜ、そういう単純《たんじゅん》な大人」

ケンタがからかうように笑って言った。

イージマ先生はホワイトボードにカッパとカエルの絵を描《か》いて話を進めはじめた。

「さて、どうしてみなさんが学校のビオトープで水辺の植物を育てているかですが、ぼくのすみかを作ってもらいたいからです。はい、ぼくは霞ケ浦《かすみがうら》に昔からすんでいるカッパなんですね。カッパは水辺の生きものの代表なんです。カッパは恥《は》ずかしがり屋なので、姿《すがた》を隠《かく》せる植物のしげみがないと暮《く》らせませません」

いきなりカッパを名乗りだすなんて、なんだか笑い話をしにきたみたいな授業《じゅぎょう》だ。四年生た

ちはカッパの絵とイージマ先生の顔を見くらべて、大笑いをしている。

「みなさんにはカッパをはじめ、いろいろな生きものが暮らしやすい霞ヶ浦《かすみがうら》はどんな姿《すがた》なのかを考えてもらいたいんですが、そのためには生きものの言葉がわからなくてはなりません。まず、生きものの言葉を理解《りかい》する方法をおぼえましょう」

イージマ先生は、生きものの言葉がわかるための三つの魔法《まほう》があるという。

一つめは、「その生きものの体の仕組みを知ること」。

二つめは、「その生きものの暮らし方を知ること」。

三つめは、「その生きもののすみかの様子を知ること」。

この三つをおぼえれば、生きものの言葉がわかるようになるという。

「大昔、旧約聖書《きゅうやくせいしょ》に出てくるソロモンという王様は、動物の言葉がわかる魔法の指輪《ゆびわ》を持っていたそうです。でも、みんなは指輪がなくても生きものの言葉がわかるようになろうね」

それぞれの生きものが、どんなところで、どんな暮らし方をしているかを、「生きものの目で見て考える」ことが、生きものの言葉を知る、ということらしい。

「さて、みなさんは、カッパはどうやって水を飲むのか知っていますか？　口から飲むのかな？」

「ちがう、お皿！」

「お皿から水を飲むんだ！」

四年生から口々に声が上がった。

「はい、みんな良く知っているね。カッパは口からじゃなくて、頭の上にあるお皿から水を飲みます」

カッパが頭の皿から水を飲むなんて、マコトは初めて聞くことだった。思わずケンタの方を振《ふ》り返《かえ》り、「そうなの？」と聞くと、「そうに決まってんじゃん」と、こともなげにケンタが答えた。となりではカオリがクスクス笑っている。

「水のとり方でカッパに似《に》ているのがカエルです。カエルも口からは飲まないで、皮膚《ひふ》から水をとります。だから、ふだんすんでいるところの水が汚《よご》れていると病気になってしまいます」

イージマ先生はいろいろなカエルの体の仕組みを描《か》きながら、カエルの種類《しゅるい》によって体の仕組みがちがうことを説明した。

後ろ足が長いトウキョウダルマガエルは大きなジャンプができる。アマガエルはあまり後ろ足が長くないので大きなジャンプはできない。代わりに足の指に吸盤《きゅうばん》があるので、これで張《は》り付《つ》いて高い壁《かべ》や木の上にも登れる。コンクリートの用水路に落ちても、アマガエルははい上がれるから大丈夫だ。でも、吸盤のないトウキョウダルマガエルはジャンプで越《こ》えられない深さの用水路に落ちると、どんどん流されていってしまう。

「ね、こういうふうに、体のつくりのちがいをよく見ると、生きものの暮《く》らし方のちがいもわかってくるんです」

生きものにはくわしかったつもりのマコトも、なるほどなぁと思うことだった。体の仕組みから暮らし方を思《おも》い浮《う》かべることは、他のいろいろな生きものでもできそうだ。ナマズのように口が大きくて歯が鋭《するど》い魚は他の魚を食べる暮らし方をしているだろうし、ドジョウのように口が下についている魚は底の泥《どろ》の中でえさをとっていることがわかる。暮らし方がちがえば、すむ場所もちがってくるはずだ。

つぎにイージマ先生はメダカの絵を描《か》き、メダカが岸近くの浅いところにいる理由や、大きな魚が来ないところで水草に卵《たまご》を産む暮らし方などを説明した。

「いま、霞ヶ浦《かすみがうら》はコンクリートで固められて、岸から急に深くなる形になっています。これではメダカのすむところがありませんね。みんながアサザを育てているビオトープの岸は、うんと浅くなだらかな形になっているよね。もともとの霞ヶ浦は、ああいうふうになっていたんです。でも、メダカが一番好きな場所は、じつは湖の外にあります。それは田んぼ。田んぼの水は浅くて温かいし、大きな魚が入れないからメダカの天国だったんですよ」

田んぼにはナマズが卵を産みに来ることもあるけど、卵を産んだら湖に帰っていく。昔は、田んぼと湖が用水路でつながっていたから、そこがメダカなどの通り道になっていた。だけど、湖や田んぼの仕組みが変わったために通り道がなくなり、メダカがすむところも、ナマズが卵を産むところもなくなってしまった。だからメダカもナマズも困《こま》ってしまい、うんと減《へ》ってしまったというわけだ。

マコトにとっては、おじいさんや健《けん》ジイから聞いた話を復習《ふくしゅう》するような話だった。でも、みんな一生懸命《いっしょうけんめい》に聞いている。学校の先生の授業《じゅぎょう》よりずっと真剣《しんけん》なまなざしだ。

「では、みんなが育てているアサザの話。アサザも、昔はたくさん生えていたのに、とても減ってしまいました。なぜでしょう。これも、アサザの言葉を聞けばわかります。アサザは草だけど、動物だけじゃなくて草の言葉もわかるとすごいよね」

イージマ先生はホワイトボードにアサザの種の仕組みや暮らし方の絵をどんどん描《か》いていった。アサザが減ってしまったいまの霞ヶ浦のコンクリートの岸と、学校のビオトープの岸のちがいが、そのまま湖のいまと昔の姿《すがた》のちがいになっていることがわかった

昔の湖の岸辺には、ヨシやガマなど背《せ》の高い草が生えていた。そのまわりの水にはアサザが生え、もっと深いところでは水の中に水草のモクがひろくしげっていた。このモクが、沖《おき》からの波を静かにおさえていたのだ。そして、岸近くではアサザの葉がさらに波を静め、小魚も草も鳥も豊《ゆた》かに暮らせる岸辺になっていた。でも、水が汚《よご》れてモクが枯《か》れてしまい、波が岸辺のヨシ原を削《けず》って、アサザもメダカもすめなくなってしまった。

アサザの暮《く》らし
アサザの花
昆虫
ミツを吸うと…
花粉が運ばれて種ができる
アサザのタネ
岸について春に芽を出す
水に浮く
アサザは陸でないと芽が出ない
つゆになると…
水位があがる
成長してどんどん広がっていく
でも今は…
コンクリートの岸
芽が出せない

「これがいまの湖なんです。カッパのぼくもすむところがなくなり、困《こま》っています。みんなは、いまのままの湖と、いろいろな生きものがたくさん暮らせる湖と、どちらが良いですか？」

「いろいろな生きものがいるほうが楽しい！」

四年生の男子の一人が大きな声で叫《さけ》ぶと、イージマ先生はニコッとほほえんでこたえた。

「そうだね。カッパのぼくも、そう思います。そんなふうにいろいろな生きものが暮らせる湖を取《と》り戻《もど》すために、明日はみなさんに湖にアサザやヨシを植えてもらいます。植えるところの岸のまわりには、モクのかわりに波を消す装置《そうち》を考えて、川や湖を管理《かんり》している役所の人に作ってもらいました。いまは水が汚れて濁《にご》っているから、モクを植えても枯《か》れてしまうからです。そこで、湖のまわりから木を切りだして、それを波消し装置の材料にしました。森の手入れをしながら、湖の自然を取り戻そうと考えたものです」

イージマ先生は、モクにかわる「波消し装置」の仕組みを説明した。丸太を組んだ枠《わく》の中に、木の枝《えだ》を束《たば》ねた「粗朶《そだ》」というものを詰《つ》めて作られているもので、正確《せいかく》には「粗朶消波施設《そだしょうはしせつ》」というそうだ。コンクリートや石の防波堤《ぼうはてい》は波をはね返して防《ふせ》ぐけれど、この装置は木の枝がスポンジのように波を吸《す》いこんで消すので、モクのしげみに近い役割《やくわり》をしてくれるのだそうだ。

「あと、コンクリートの岸の内側には湖の底の砂《すな》をもう一度盛《も》り上《あ》げて、なだらかな斜面《しゃめん》にし

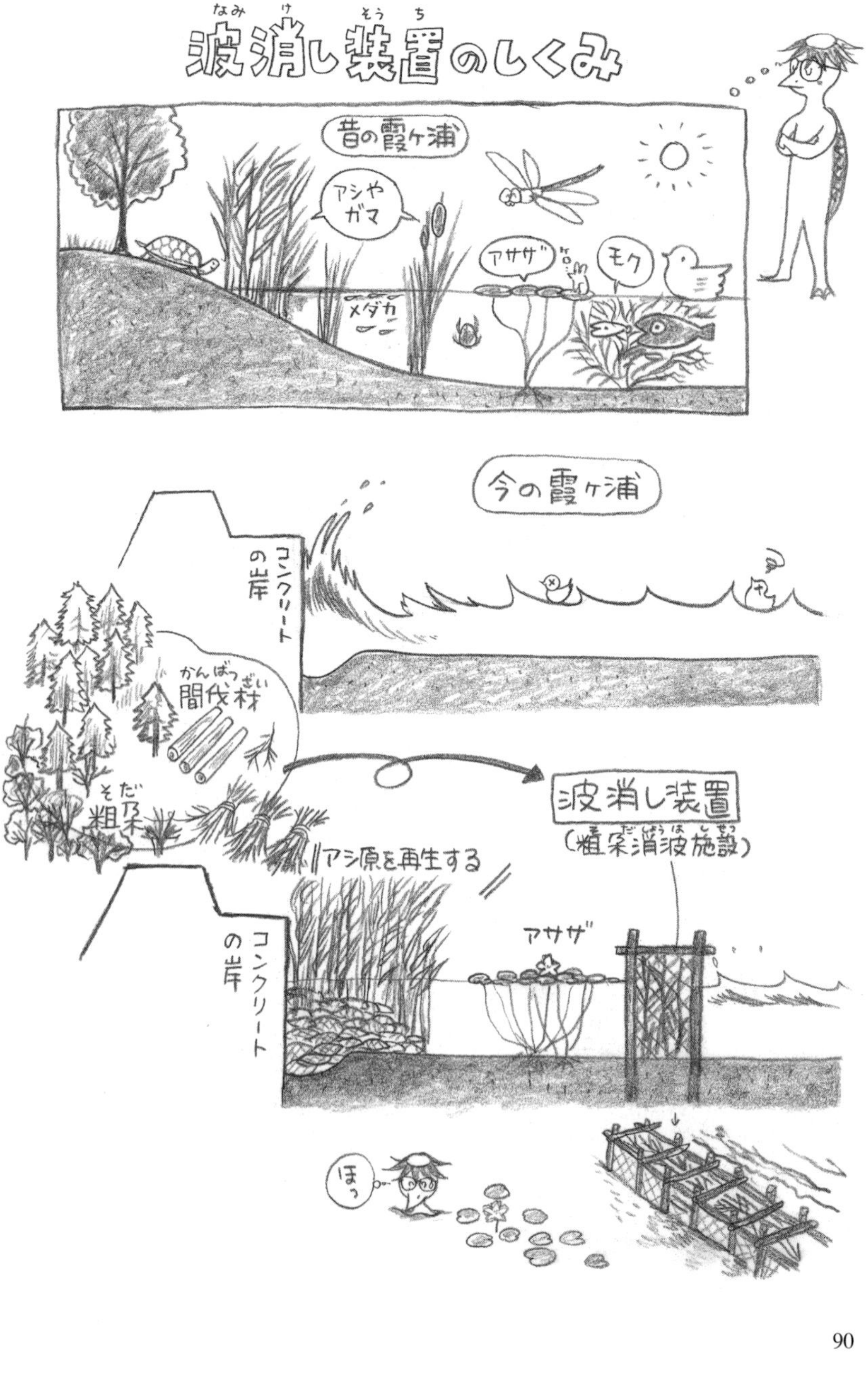
波《なみ》消《け》し装置《そうち》のしくみ
昔の霞ヶ浦
アシやガマ
アサザ
モク
メダカ
今の霞ヶ浦
コンクリートの岸
間伐材《かんばつざい》
粗朶《そだ》
アシ原を再生する
波消し装置
(粗朶消波施設《そだしょうはしせつ》)
コンクリートの岸
アサザ
ほっ

てもらいました。生きものの言葉がわかると、こういうふうにしたら暮《く》らしやすいだろう、というアイデアがいろいろ浮《う》かぶんですよ」

「いまの湖にはカッパもすみにくいけれど、もっと昔にいなくなってしまった生きものがいます。昔の霞ヶ浦《かすみがうら》には、冬になるとガンという水鳥の仲間がたくさん渡《わた》ってきたし、ツルも来たそうです。コウノトリも高い木の上に巣《す》を作っていたはずです。五年生の担任《たんにん》の鴻巣《こうのす》ユリカ先生のご先祖《せんぞ》は、コウノトリの巣が近くにある家だったんだと思いますよ」

ユリカ先生がおどろいたように目を丸くしている。自分の名字《みょうじ》が持つ意味を、初めて知ったような様子だった。

「そうした鳥たちも、みんなが生きものの言葉を理解《りかい》して工夫《くふう》すれば、だんだんまた一緒《いっしょ》に暮《く》らせるようになるはずです。ここに、ある鳥の写真を持ってきました。これ、なんだかわかるかな」

くちばしが長く、うす桃《もも》色の体に赤い顔をした鳥が空にはばたいている写真だった。

「これは、トキという鳥です。残念なことに、日本ではもう絶滅《ぜつめつ》してしまいました。でも、日本海という海の反対側の中国でも、日本のトキとおなじ祖先《そせん》をもつトキが暮らしていたんです。メダカやアサザとちがって、トキは空を飛べますからね。その中国に生き残っていたトキが、いま、日本海の佐渡島《さどがしま》という島で人に育てられながら数を増《ふ》やしています。このトキがもとのように暮《く》らせる湖や田んぼや森を、一〇〇年かけて取《と》り戻《もど》そう、というのが目標です。始めてからだいたい一〇年経《た》ちましたから、あと九〇年。でも、もしかすると、もっと早くなるかもしれません。そのためにね、みんなが生きものの言葉を聞いて、どうしたらいいかなって、考えてもらいたいんです。いろんな生きものの言葉をたくさん聞くと、だんだんぼくみたいなカッパになれるからね。よろしくお願いします」

イージマ先生がカッパを名乗るたびに四年生たちが笑い転げていた。質問《しつもん》の時間には、みんながいっせいに手を上げた。霞ヶ浦《かすみがうら》の水が汚《よご》れていった理由、漁師《りょうし》さんの捕《と》る魚が減《へ》ってしまった原因《げんいん》、昔の田んぼといまの田んぼのちがい。イージマ先生は、ひとつひとつ、ていねいに答えてくれた。マコトとケンタは、おじいさんたちから聞いた話を思い出しながら顔を見合わせ、そうそう、とうなずきながら笑っていた。すると、六年生の男子がこんな質問をした。

「トキやコウノトリって、絶滅《ぜつめつ》のことが悲しいニュースになっているけど、でも、いなくなるとどんなことが困《こま》るんですか？」

すると、イージマ先生がこう答えた。

「うん。いなくなると何が困るのかっていうことは、ニュースでもあまり説明されてないよね。昔の大人たちは、トキがいなくても困らない、と思ったから、数がうんと減《へ》っても気にしないで、とうとう滅《ほろ》ぼしてしまったんだ。でも、もし、偉《えら》くて威張《いば》っている人が、〝君は役に立たないから、いなくても別に困らない〟とだれかに言ったとしても、ほんとうはそうなんじゃない。その人にしかできないことは、必ずあるはずだよね。トキもおなじ。トキにしかできないことがあるだろうし、トキが安心して暮らせるところは、他のいろいろな生きものや人も安心して暮らせるところなんだ」

アサザを育てて湖に植えることも、「自然や生きもの」だけを守るためなのではない、とイージマ先生は言った。人と自然が仲良く暮らせる方法を考えながら湖を歩いていたら、アサザの姿《すがた》と声に気がついたのだそうだ。

「だから、みんながやろうとしていることは、トキが欲《ほ》しいからというわけではありません。みんなが安心して楽しく暮らせるようになりたいから、滅んでいったトキや、コウノトリとも、もう一度一緒《いっしょ》に暮らせるようにしたい、という意味なんだよ」

マコトは、トキやコウノトリがいる霞ケ浦で鳥をながめたり釣《つ》りをしている自分を思《おも》い浮《う》かべてみた。すると、なんだかワクワクして、そしてやさしい気持ちになれる気がした。そんな気持ちにさせてくれるなら、それだけで「トキがいること」がとても大切に感じられた。

トキのように

その日の夕ご飯のとき、マコトはイージマ先生の授業《じゅぎょう》の様子をみんなに話した。生きものの言葉がわかる方法のこと、みんなが安心して暮《く》らしたいから、トキも暮らせるようにしようとしていること……。

おじいさんはいつものように、にこにことほほ笑みながらマコトの話を聞いていたけれど、なにか考え事をしているように黙《だま》っていた。

「明日は、アサザを湖に植えにいくんだよ。おじいちゃんも手伝ってくれるんだよね？」

「あ？　ああ、いくぞ。アサザやヨシを運ぶのも手伝わにゃならんしな」

マコトが話しかけると、おじいさんは思い出したような顔になり、楽しげに笑った。

「私も、明日はパートが休みだからいこうかな。なんだか楽しそうじゃない。ねぇ隆《たかし》さん、明日は仕事あるのかしら？」

お母さんがたずねると、お父さんも何か考え事をしていたように、ぼんやりと答えた。

「う〜ん、明日にならないとわからないなあ」

「なら、みんなでいってみない？　たまにはいいじゃない、気分転換《てんかん》にもなるわよ」

「そうだな、別に仕事にいかなきゃならない義理《ぎり》もないし、そうするか。それにしても、そのイージマ先生っていうのは良いことというな。トキにしかできないことがあるはず、か。おれも会社から追い出されちゃったけど、おれにしかできないことがあるはずだし、な」

そのとたん、にぎやかに話していたみんなが急に黙《だま》ってしまった。マコトは一瞬《いっしゅん》、何がおきたのかわからなかったけど、お父さんの言葉をもう一度頭の中でくり返してみた。

《会社から追い出された？》

「お父さんの会社、つぶれてなくなったんじゃないの？」

「ん？　……ああ、そうだった。マコト、お父さんはな、ほんとうは会社から勤《つと》めるのを辞《や》めてくれないかって言われたんだ。リストラっていってな、ほかにも何人もの人が、そう言われて辞めていったんだ。そうしないと、本当に会社がつぶれてしまうからなんだ。追い出されたというと言《い》い過《す》ぎかもしれないけど、まあ似《に》たようなものかな。それで、ちょっと格好《かっこう》悪いから、マコトには会社がつぶれたことにしておいてくれって、お母さんやみんなに頼《たの》んでいたんだ」

「……隆さん」

お母さんは、困《こま》ったような、ほっとしたような顔つきだった。

「だけど、そんなことマコトに隠《かく》しているのが馬鹿馬鹿《ばかばか》しくなったよ。な、マコト、お父さんは会社をクビになっちゃったんだ。格好悪いよなぁ。でも、大丈夫《だいじょうぶ》だ。お父さんもいつかよみがえるぞ、トキみたいにな」

お父さんは、ちょっと恥《は》ずかしそうに笑いながら言った。

「……べつに、ぜんぜん格好《かっこう》悪くないよ。……お父さんは、お父さんだよ」

なんて言えば良いのかわからなかったから、マコトは自分でも意味がわからないままに、思ったことをそのまま言葉にして言った。

「……さぁて、お茶を入れましょうね」

お母さんが立ち上がって台所に向かっていった。おじいさんも、おばあさんも、何も言わなかったけれど、なにか長く続いた心配ごとがなくなったときのように、みんなの気持ちが明るくなっている感じがした。

アサザの植え付け

つぎの日、マコトははやる気持ちをおさえきれず、いつもよりはやく学校へ出かけた。

ビオトープを見にいくと、池の水面をおおっていたアサザの葉がまばらになっている。昨日、イージマ先生と一緒《いっしょ》に来た市民グループの人たちが、不作だった別の学校の植え付け作業用に苗《なえ》を抜《ぬ》き取《と》っていったようだ。池の片隅《かたすみ》では、トウキョウダルマガエルがいつものように顔を出し、金色の眼《め》と黒い瞳《ひとみ》でマコトの顔を見上げていた。

《おまえは、ここが好きなんだよな》

マコトがそう思うと、《うん》と、カエルが答えたように感じられた。生きものの言葉が、本当にわかるようになってきているような気がした。

教室でユリカ先生から湖への移動《いどう》について簡単《かんたん》な説明を受け、いよいよ植え付けに出発だ。湖までは用意されたバスに乗っていくことになっていた。

「植え付けの場所、前に自転車で見にいったことがあるんだ。ちょっと遠いけど、自転車でもいける距離《きょり》だから、夏休みになったら時々見にいこうぜ」

バスの中でケンタが言った。

「うん、でも、湖には大人と一緒《いっしょ》にいかないとだめなんだよね？」

霞ケ浦《かすみがうら》周辺の小学校では、大人と一緒でなければ湖で遊ぶことが禁止《きんし》されている。おぼれたりする事故《じこ》を防《ふせ》ぐためだ。それに、植え付けの場所は植物や魚を保護《ほご》するために、当分は釣《つ》りなどができないことになっている。

「ああ。その近くに大人たちがボラやコイを釣っているところがあるんだ。知りあいの人もよくいるし、あそこでコイ釣りをしてみるのもいいな」

「ほんと？　ぼく、コイ釣りやってみたかったんだ。……でも道具がないなぁ」

「父ちゃんが海釣《うみづ》り用のリールざおを何本も持っているから、一本借りてこよう。湖の主《ぬし》みたいにでっけぇコイがいるところだから、二人がかりじゃないと釣《つ》れないと思うぜ」

「すごいね、やろう、やろうよ!」

夏休みの重要な作戦が決まった。霞ケ浦《かすみがうら》の主みたいなコイと格闘《かくとう》することを思うと、マコトは武者震《むしゃぶる》いした。

バスが植え付けの湖岸に止まった。堤防《ていぼう》から湖をながめると、少し沖《おき》のほうに、丸太の木を組んだ防波堤《ぼうはてい》のようなものが見える。あれが、イージマ先生のアイデアで作られた波消し用の装置《そうち》、粗朶消波施設《そだしょうはしせつ》だ。昔はモクのしげみが沖からの波を静かにおさえていたように、いまはこの施設がマコトたちが植えるアサザの苗《なえ》を波から守っている。バスで来る途中《とちゅう》に眺《なが》めた湖の岸は、粗朶消波施設のないところでは、風に運ばれた波がコンクリートの岸にはね返されて水面を強く揺《ゆ》らし続けていた。でも粗朶消波施設のあるここは、波がずっと小さくおさえられていた。

堤防《ていぼう》の下に降《お》りると、水際《みずぎわ》には湖の底から運ばれた砂《すな》が敷《し》かれ、ビオトープの岸とおなじように、水際までなだらかな傾斜《けいしゃ》になっている。みんなさっそくひざ下まで湖に入って遊びはじめた。

植え付けの場所にはイージマ先生、町役場の人や、漁協のおじさん、近所のお年寄《としよ》りたちなどが何人も集まっていた。みんなで軽トラックの荷台から苗の入ったバケツやコンテナを運んでいる。もちろん、マコトのおじいさんと健《けん》ジイもいた。

お母さんとお父さんの姿《すがた》も見えた。ほかのみんなと一緒《いっしょ》にアサザやヨシの苗を運んでいるお父さんは、晴れ晴れとした明るい顔をしていた。

「は〜い、ではみんな、植え付けの方法を教わりますから集まってくださ〜い！」

ユリカ先生の大きな声がして、みんながイージマ先生の前に集まってきた。

「アサザの植え方はね、陸で草花を植えるときとおなじです。でも水の中で植えるから、ちょっとコツがあるんです。まず、このスコップで湖の底に穴《あな》を掘《ほ》ります。そこへ、ポットから出した苗を土ごと埋《う》めます。ただし、あまり水が深いところだと掘るのも植える大変だし、アサザの葉っぱが水の下に沈《しず》んでしまうのも良くないからね。苗の茎《くき》の長さを見て、葉っぱが水の上に浮《う》くぐらいの深さで掘るんだよ」

イージマ先生が声を張《は》り上《あ》げて説明しているけれど、水遊びですっかり興奮《こうふん》した子どもたちは、はしゃいでいてあまり話を聞いていない。

「うぉーい、大事なこと話すからみんな聞けやぁ！」

健ジイの太い声が響《ひび》いたとたん、騒《さわ》いでいたみんながぴたりとしずかになった。すると健ジイはニヤリと笑い、イージマ先生の説明の続きを話しだした。

「アサザはな、そのまま植えても根を張《は》る前に波で揺《ゆ》られて浮《う》きあがって、流されちまうんだ。

だから、この針金《はりがね》で根っこを湖の底に押《お》さえつけるんだぞ。こういうふうに針金を半分に曲げて、地面に押しこむんだ」

「ヘアピンで髪《かみ》の毛を押さえるような感じだね」

女子のだれかが言うと、健ジイが笑っていった。

「そうだ。女の子のほうが上手《じょうず》に植えるかもしれんな。そうしてから、スコップで掘《ほ》った土をもとにかぶせて完成だ。わかったかぁ？」

「はーい！」

みんながいっせいに答え、スコップと苗《なえ》のポットを手に湖の中に向かっていった。マコトは、お父さんが運んできた苗を植えたいと思い、バケツを運んでいるお父さんに駆《か》けよって、苗をひとつ選んでくれるように頼んだ。

お父さんはプラスチックのコンテナの中から茎《くき》が太いアサザのポット苗を選ぶと、大切そうにわたしながら言った。

「しっかり根づくように植えてくれよ。流れていってしまわないようにな」

マコトは苗と針金を受け取ると、湖の方へかけていった。

「おーい！　マコト、穴《あな》掘ったから、ここに植えろよ」

ケンタがスコップにもたれ、膝《ひざ》の上までぬれながら叫《さけ》んでいた。

ザババザバと水の中に入り、足で穴の位置を確《たし》かめてからポットの苗を取り出して穴に入れた。苗の根を押さえつけるために針金を湖底に深く差しこもうとすると、穴の深さが、思ったより深かった。マコトの腕《うで》の長さでは足りず、顔が浸《つ》かってしまいそうだ。

「ん、ちょっと穴が深かったな。少し埋《う》め直《なお》そうか？」

ケンタの声にかまわず、マコトは針金をぐいぐいと押しこみながら、息を大きく吸《す》うと目をつぶって顔までブクブクと沈《しず》みこんだ。

「おいおい、無理すんなよ。大丈夫《だいじょうぶ》か？」

水の上でケンタがあきれたように言うのが聞こえたけれど、マコトはさらに力いっぱい苗を押さえつけた。

「ぶはぁっ！」水から顔をあげたマコトに、ケンタが笑いながら言った。

「ごくろうさん。あとは掘った土をこうやってかぶせて……これで完成だ」

植え付けられたばかりのアサザの苗は、何枚《なんまい》かの丸い葉を水面に浮《う》かべている。ひろい水面の中で、その苗は小さくて頼《たよ》りなげに見えた。

マコトとケンタが岸に上がろうとすると、一匹《いっぴき》の大きなトンボが二人の前を通《とお》り過《す》ぎた。黒と黄色のしま模様《もよう》の体。そのしっぽに、まるで飛行機《ひこうき》の尾翼《びよく》のような突起《とっき》が生えていた。

「ウチワヤンマだ！」

マコトが興奮《こうふん》して叫《さけ》んだ。昆虫図鑑《こんちゅうずかん》でしか見たことのなかった、マコトが一番あこがれているトンボだった。

「お、そうだ。格好《かっこう》いいよなあ。おれ、あいつのことボーイングって呼《よ》んでいるんだ。ウチワって名前だと、なんか間抜《まぬ》けな感じだろ」

「ボーイングか、飛行機みたいな格好だもんね。……ねえ、ボーイングは、こういうひろい水辺が好きなのかな？」

「……ああ、あいつのヤゴは、湖の深いところにいるみたいなんだ。すごくでっけえヤゴなんだけど、抜《ぬ》け殻《がら》しかみたことないな。湖でも、あいつがいるまわりは魚もたくさんいるんだぜ。ヤゴのえさの小魚がいるってわけなんだろうな」

ケンタも、〝生きものの言葉〟が前よりもわかってきている様子だった。

そのとき、二人に近づいてきた健《けん》ジイが、ウチワヤンマの姿《すがた》を見て声をあげた。

「おお、シャモジか。久しぶりに見るな」

「シャモジぃ？」ケンタがけげんそうな声で言った。

「シッポに飯を盛《も》るシャモジみたいなもんが付いているからな。わしらはそう呼《よ》んでおったわ。おおい、耕平《こうへい》、懐《なつ》かしいな、シャモジが飛んでるぞ！」

マコトのおじいさんに向かってうれしそうに叫んだ。

「だめだよ！　シャモジなんてチョー格好悪いじゃん。ウチワの方がまだましだよ」

「はっは、しかしあれはシャモジじゃ」

「やーめーなってば、その名前」

まるで兄弟のように言い合うケンタと健ジイを見おろすように、ウチワヤンマが高く舞《ま》い上《あ》がり、入道雲《にゅうどうぐも》の見える青い空に吸《す》いこまれていった。

第4章　ふるさと生きもの調査

谷津田《やつだ》の秘密《ひみつ》

夏休みが始まった最初の日の夕方、おじいさんがマコトとお父さんを散歩に誘《さそ》った。

「ちょっと、裏《うら》の山にいってみないか。マコトと隆《たかし》にいいものを見せてやれるかもしれん」

おじいさんが、なにかいたずらを仕掛《しか》けているような口ぶりで言った。

「うん、でも、もうすぐ暗くなるよ？」

「ああ、懐中電灯《かいちゅうでんとう》を持っていけば大丈夫《だいじょうぶ》さ」

《クワガタがいる木を教えてくれるんだな》。マコトは、そう予感した。おじいさんが子どものころにクワガタをたくさん捕《と》った秘密《ひみつ》の木に案内してくれるのだろう。

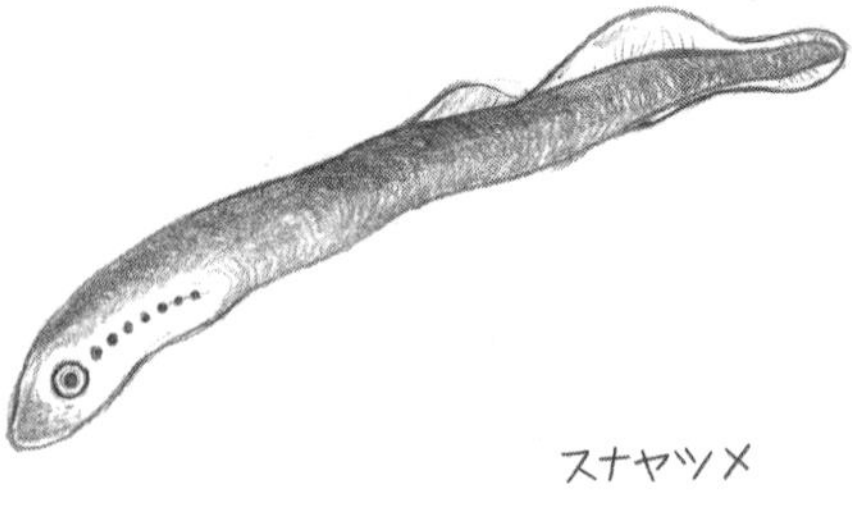

スナヤツメ

おじいさんが二人を連れていったのは、森に囲まれた小さな谷だった。はじめは森に囲まれた田んぼの風景だったけれど、歩くにつれてだんだん左右の森と森の間が狭《せま》くなってきた。やがて、田んぼが、背《せ》の高い笹《ささ》の茂《しげ》ったやぶに変わった。

「親父《おやじ》よ、ここは昔、うちの田んぼもあったところだよな？」

お父さんがおじいさんにたずねた。

「ああ、そうだ。いまは荒《あ》れて笹でいっぱいだが、昔は一番大切にされていた田んぼだった。この谷の奥《おく》には泉《いずみ》が湧《わ》いていてな、夏でも決して涸《か》れることがなかったから、種《たね》もみを作る田として大事にされていたんだ」

「タネモミって、なに？」マコトがたずねた。

「あぁ、種もみっていうのは、苗《なえ》を作るためのお米の種だ。種もみはつぎの年の米づくりになくてはならないものだから、どんなに雨が少ない年でも水が涸れない谷津田の田んぼが種もみ用の田んぼにされていたんだよ」

「ヤツダ？」

マコトとお父さんが同時に声をあげた。

「ああ、こういう山や丘の森にはさまれたところを谷戸《やと》、と言って、谷戸に作られた田んぼのことを谷津田というんだ。だが、狭いからトラクターとかの機械を入れられないし、まわりが森だから日当たりもあまり良くないんで稲《いね》の育ちもよくないから、収穫《しゅうかく》の量が少なかったんだな」

「え？　でも種《たね》もみを作る田んぼがこんなに荒《あ》れたら、お米が作れなくなるんじゃない？」

マコトの疑問《ぎもん》に、おじいさんは笹《ささ》やぶになった田んぼを眺《なが》めながら、ゆっくりと答えた。

「うん、種もみは、いまはほとんどがハウスで栽培《さいばい》するようになったからな。そのほうが早く苗《なえ》が育つんだ。機械も発達したし、稲《いね》の品種も改良されて、うんと米が作れる時代になったのさ。するとだんだん米が余《あま》りだしたから、減反政策《げんたんせいさく》といって、お米を作る田んぼのひろさが制《せい》限《げん》されるようになった。そのとき、まっさきに見捨《みす》てられたのが、収穫の効率《こうりつ》が悪かった谷津《やつ》田《だ》の田んぼなんだ。だれも手入れをしなくなると、田んぼはこんなふうにやぶになってしまうんだ」

「……ふぅーん、昔は大切にされていたのに、時代の流れの中で見捨てられてしまった田んぼというわけかぁ」

お父さんが、感心したように、でも、どこかしみじみとした口ぶりで言った。

夕日が沈《しず》み、辺りはだんだんと暗くなってきていた。森には沢水《さわみず》の小さな流れが、軽やかな水音をたてて谷の間に響《ひび》いている。おじいさんの谷津田の話は続いた。

「……谷津田は、昔の湿田《しつでん》の代表的なものだったんだ。水源《すいげん》の泉《いずみ》の水を貯《た》める池が一番上にあって、田んぼにも一年中水が張《は》ってあったから、ドジョウやメダカもいたし、春はいろいろなカエルが卵《たまご》を産みに来ていたな。ゲンゴロウとかヤゴみたいな、水の中の虫もたくさんいたよ。そうした生きものを食べに来る水鳥もたくさん来ていたなあ」

「でも、そういう生きものたちは、もういなくなっちゃったよね」

「ああ、こんなふうにやぶになってしまうと、水面もなくなって、水の中の生きものはほとんどすめなくなってしまう。それに、田んぼだったころは浅い池みたいなものだから、大雨が降《ふ》ったときには水を貯めて、少しずつ流してくれたんだ。ちょうど、ダムみたいなもんだな」

田んぼ一枚《いちまい》のひろさは小さくても、それが霞ケ浦《かすみがうら》のまわりに数えきれないほどあったから、あわせれば大変な量の水を貯めていたそうだ。大雨の後も水がいっぺんに出ないから泥《どろ》も流れ出さず、昔の田んぼはいつも澄《す》んだ水を湖に流していた。

「……もう、生きものがたくさんいる谷津田の田んぼに戻《もど》すことはできないの？」

「そうだな、そういう田んぼがあってもいいはずだ。だが、簡単《かんたん》なことじゃないと思うぞ。農家はお米を作って生活しているから、手間がかかりすぎるようでは暮《く》らしていけないからな。だけど、マコトたちが学校でやっているように、生きものがたくさんいる暮らしを取り戻そうとするなら、まだ間に合うはずだ。この谷津田の奥《おく》には、昔の泉がまだ残っている。だいぶ水の量が減《へ》ってしまったがな。その泉から流れているのが、そこの沢水だ。いまでもメダカが少しだけ生き残っているんだぞ」

「まだメダカが生き残っているの？　こんな小さな流れに？」

「ああ、ほんの少しだけど、代々卵《たまご》を産んで生き延《の》びているようだ。やぶになった田んぼの中にも細い流れが残っていて、そこにはいつもメダカがいる。いつか、昔のような田んぼがよみがえる日をじっと我慢《がまん》して待っているのかもしれんな」

「野生のメダカ、見てみたいなあ……。もう暗くて見えないね」

「はっはっは。そうか、マコトはアカヒレタビラだけじゃなくてメダカも見たかったのかい。でも、わしが見せたかったものは、暗くならないと見えないんだ。……そら、現《あらわ》れたぞ」

おじいさんが、マコトの頭の上の樹《き》を指さした。……何も見えない。いや、何かが光った。うすい黄緑色の小さな光が、ちらっ、ちらっと点滅《てんめつ》しながら輝《かがや》いている。

「あ、ホタルだ。あ、あっちにも」

お父さんが声をあげた。見ると、おなじような輝きの点滅が暗闇《くらやみ》の中をふわり、すぅーっと、いくつも飛び回っている。マコトが初めて見るホタルだった。

マコトが見つめる闇《やみ》の中で、ホタルはさらに数を増《ふ》やして輝きだした。まわりはすっかり暗くなっていたけれど、学校の教室ほどのひろさの空間にホタルの光が無数に飛び交《か》う夢《ゆめ》のような光景がひろがっていった。

「昔は、どこの田んぼでもホタルが見られたもんだがな。いまは、こういう谷津田《やつだ》だったところの、ほんの限《かぎ》られた場所でしか見られん。でもな、ホタルは光るから、まだ見つけやすいんだ。いまは姿《すがた》が見えなくなっていても、こんなふうにどこかで細々と生き残っている生きものは、案外とほかにもいるかもしれんぞ。人の目にふれないどこかに、な」

「そうだね、アカヒレタビラも湖にいたし、他の生きものもどこかで生き残っているかもしれないよね。あ、おじいちゃん、もしかするとカッパも生き残っているのかな」

「カッパか!?」

おじいさんはそう言ったまま絶句《ぜっく》してしまった。

「……ぶわっはっはっはっは!!」

お父さんがものすごい勢《いきお》いで笑いだした。

「だってさ、学校のみんなが知っているんだよ！　イージマ先生が自分はカッパだなんて言ってたのは冗談《じょうだん》だろうけど、みんなすごくくわしいんだよ、カッパのこと」

マコトは必死になって説明した。カッパなんて空想の動物だと思っていたけれど、マコトにとってはホタルもカッパも「見たことがない生きもの」だったのだ。

「いやいや、わしのおじいさんも、本当にカッパと相撲《すもう》をとった子どものことを聞いたことがあると話していたぞ。だから、なんともわからん。いたのかもしれないしな」

おじいさんが真面目《まじめ》な顔で答えたけれど、笑いたいのを我慢《がまん》しているのがわかった。

「いやー、こんなに笑ったのは久《ひさ》しぶりだ。うん、マコト、いるかもしれないよな、カッパも。きっと、どこかに隠《かく》れて人間の様子をうかがっているのかもな」

お父さんが本当に楽しそうに言った。マコトは、うっかり馬鹿《ばか》なことを聞いてしまった、と後悔《こうかい》しそうになったけれど、久しぶりに思いきり大笑いしたお父さんの笑顔を見て、まあ、いいかと思った。


野生のメダカが谷津田の跡《あと》にいることを知ったマコトは、ケンタを誘《さそ》い、自転車で走り回って霞ヶ浦《かすみがうら》のまわりにある無数の谷戸《やと》や谷津田の跡を片《かた》っぱしから調べはじめた。すると、意外にもいろいろな生きものを見つけた。谷戸の中を流れる沢水《さわみず》を網《あみ》で探《さぐ》ると、メダカのほかにもヨシノボリという小さなハゼや、ホトケドジョウという珍《めずら》しいドジョウ、ヤツメウナギの一種のスナヤツメなどが見つけられることもあった。タイコウチやコオイムシなどの水生昆虫《すいせいこんちゅう》や、オニヤンマのヤゴも見つけられた。

何も見つけられない谷戸や谷津田もたくさんあった。むしろ、その方がずっと多かった。でも、ここは何かがいそうだ、と思われるところを網で探ってみて、自分の予想通りにメダカやホトケドジョウが見つかったときの喜びは、ほかにたとえようがないものだった。

マコトとケンタはこれを「ふるさと生きもの調査《ちょうさ》」と呼《よ》び、ときどきカオリも誘《さそ》って夏休みの宿題の共同研究と組み合わせることにした。だから、いくら外で遊んできてもだれからも文《もん》句《く》は言われないのがうれしかった。

お父さんが、新しい水槽《すいそう》をマコトに買ってくれた。そこには谷戸や谷津田を探検《たんけん》して捕《つか》まえてきた魚を少しずつ入れた。ホトケドジョウは冷たい水が好きなようなので、水槽はクーラーのある一階の居間《いま》の、日の当たらないところに置いた。ただ、スナヤツメだけは飼《か》うとすぐに体に白いカビが生えて死んでしまうので、捕まえてもすぐに逃《に》がしてやることにした。

八月の後半になり、自転車でいける範囲の「ふるさと生きもの調査」の場所はだいたい調べ終わっていたけれど、「生きものはあちこちへ移動《いどう》するから、おなじ場所でも日にちを変えて調べれば、新しいものが見つかるかもしれない」という理由でお気に入りの場所に何度も通った。水の中の生きものだけでなく、トンボやクワガタやカブトムシ、それに猛禽類《もうきんるい》などの鳥も「調査対象《ちょうさたいしょう》」になった。

霞ケ浦《かすみがうら》の主《ぬし》

「ふるさと生きもの調査」が忙《いそが》しく、夏休みの秘密《ひみつ》計画だった「巨大《きょだい》コイ釣《つ》り作戦」は、なかなか実行に移《うつ》されなかった。そんなある日、朝から降《ふ》っていた雨が昼過《す》ぎになってやむと、おじいさんが家の中で水槽《すいそう》をながめていたマコトを湖に誘《さそ》った。マコトたちが植え付けたアサザやヨシがどうなっているのか見にいこうというのだ。

そこで、ケンタと健《けん》ジイも誘って湖で夕涼《ゆうすず》みをしながらコイ釣りをすることになった。湖で子どもだけで遊ぶことは学校の規則《きそく》で禁止《きんし》されているけれど、おじいさんたちが来てくれるのなら大手《おおで》を振《ふ》って釣りができる。アサザを植え付けた場所の様子を見にもいきたかった。マコトはカオリにも連絡《れんらく》をして、おじいさんの車で一緒《いっしょ》にいくことにした。

三人が湖に着くと、ケンタと健ジイが先に来ていて釣りの支度《したく》をしていた。ケンタがリールのついた太いさおを延《の》ばしながら言った。

「約束通り、父ちゃんの持っているさおの中で一番強いリールざお借りてきたぜ。こいつで霞ケ浦の主を釣ってやろうぜ」

延ばしたさおは五メートル以上あった。ケンタがさおを空に振《ふ》りかざすと、さおの反動の勢《いきお》いに負けて足元がふらついた。

「大丈夫《だいじょうぶ》？　そんなすごいさお」。カオリが心配そうに言った。

「はっはっは、本当に主を釣りたいなら、そのぐらいのさおじゃないとな。ただし、もし本当に主がかかっても、おれは助けんぞ」

健《けん》ジイがをバケツの中で黄色と茶色の混《ま》ざった練りえさの団子《だんご》をこねながら言った。ふかしたサツマイモやカボチャに、なにかいろいろな粉《こな》を混ぜこんだもののようだ。

「おお、健ジイの秘密《ひみつ》兵器だな。大ゴイ釣《づ》りには、それが一番だ。昔から健治郎《けんじろう》はコイ釣りの名人だったからな。めでたい時には健治郎の釣ったコイがふるまわれたもんだなぁ」

マコトのおじいさんがなつかしそうに言った。

「そうだな。昔は、コイは特別な魚だったから、漁師《りょうし》も祝い事のときしか捕《と》らんものだった。だが、いまじゃコイの養殖屋《ようしょくや》だからな。まあ、コイの好みはようく知っておるさ。おい、マコト、こいつの匂《にお》いを嗅《か》いでみるか？」

健ジイに言われるままにマコトがえさ団子に鼻を近づけてみると、焼き芋《いも》と何かのつくだ煮《に》が混《ま》ざったような匂いがした。強烈《きょうれつ》だけれど、嫌《いや》な匂いではない。

このえさ団子を針《はり》につけても釣れるけれど、主な目的は「寄《よ》せ餌《え》」といって、匂いで遠くのコイを集めるためのものだそうだ。えさ団子をいくつか投げこんで、しばらくしたら本格的《ほんかくてき》に釣りをはじめる。釣りはじめるまでまだ時間がかかるから、二人のおじいさんを残して三人でアサザの植え付けをしたところを先に見にいくことになった。

「いこうぜ！」。そう言うなり、ケンタは土手の上に駆《か》けあがってものすごい勢《いきお》いで走りだした。

「あ、もう、ちょっと待ってよ！」。カオリもケンタを追って駆けだした。霞ケ浦《かすみがうら》のひろい景色の中を走り続ける二人の後を追って走りながら、マコトはふと思った。

《あの二人が走るスピードに、けっこう楽についていけるようになったな》

転校したてのころは、ケンタとカオリが本気で走りだしたら、とてもついていけなかった。東京にいたころにくらべると、ずいぶん体が鍛《きた》えられてきたようだ。

アサザを植え付けた場所に着くと、ひろい湖面の中にポツポツと丸い葉が浮《う》いているのが見える。植えたときよりは葉っぱが増《ふ》えているように見えた。

「……おい、マコト、けっこう足速くなったじゃんか。ぶっちぎれるかと思ったのにさ」

ケンタがハアハアと息を切らせながら言った。

「……やっぱり。なんでそんなに急ぐかと思った」

マコトも息を落ちつかせようと水際《みずぎわ》にしゃがみこんだ。

「……も〜、二人ともなにムキになってんのよ」

カオリも息を切らせながら、おかしそうに言って笑った。そのとき、岸辺近くの水面をながめていたマコトの目に、小さな魚がついつい、と泳ぐ姿《すがた》が見えた。背中《せなか》に黒く太い筋模様《すじもよう》があり、その両側が美しい金色に輝《かがや》いている。

「あ、メダカだ」

「えっ！　ほんとう？」マコトの声に、ケンタとカオリが同時に叫《さけ》んだ。

「どこどこ、あ、本当にメダカだ。すっげえ、湖でメダカが泳いでいるの見るの、おれ初めてだ。あ、なんかほかの魚もいるぞ、ちくしょう、網《あみ》持ってくればよかったな」

「だめよ、ここは保護《ほご》しながら研究者の人たちが調査《ちょうさ》しているところなんだから」

「ちぇっ、おれたちだって〝ふるさと生きもの調査〟をしているじゃんか。……まあな、たしかに半分遊びだけどさ。でも、せっかく魚がいるなら捕《と》って遊びたいじゃんか。どんな魚がいるかも知りたいしさ」

ちょっとくやしそうにケンタが言った。マコトは走りすぎて少しぼうっとした感じのする頭で、ぼんやりとメダカをながめていた。水面を泳ぐメダカは、水際《みずぎわ》に生えた草の間でのんびりマコトを見つめているように見えた。そのとき、マコトの頭の中にメダカの声が響《ひび》いたような気がした。それが、そのままマコトの言葉になった。

「いまはだめでも、きっと遊べるようになるよ」

「あら、そう、どうして？」

カオリが意外そうに尋《たず》ねてきたので、マコトは《あれ？　なんでいま、そんなふうに思ったんだろう》と感じた。でも、頭の中から浮《う》かびあがる言葉を、そのまま話した。

「だって、そのためにぼくたちはこの場所を育てているんじゃないかな？」

二人は、よくわからないという感じできょとんとした顔をしている。

「う〜ん、あのさ、ぼくにもよくわからないけど、人と自然って、あっち側とこっち側、っていう感じに分けるものじゃない気がするんだ」

マコトは思いつくままに、ひとつひとつを語っていった。東京から転校してきて、近所の人がみんな知りあいどうしなのにおどろいたこと。農業や漁業など、食べものと結びついた仕事と暮《く》らしが一緒《いっしょ》になっている様子を見て、自然の恵《めぐ》みの中で人が「生かされている」ことを知ったこと。ケンタや健《けん》ジイたちと魚捕《と》りをして、都会では図鑑《ずかん》でながめるだけだったいろいろな生きものが身近にいる暮らしが、たくさんの命がやさしく自分を守ってくれているような、なんだか楽しくて安心な気持ちにさせてくれること。いろいろな理由で生きものが暮らしにくくなってきてはいるけれど、自分たちがアサザや水草を植えているのも、人と自然が一緒に暮らしていけるようにしているんだと思うこと……。

「ここも、ただここにメダカが住《す》んでいればいいってことじゃなくて、ぼくたちとメダカが一緒に暮らしていけるための工夫《くふう》を、みんなが考えるための場所なんじゃないかな。だったら、研究者の人の調査も大事だろうけれど、ぼくたちが遊んでいるうちにくわしく知っていくことのほうが、もっと大事なことなんじゃないかな、と思うんだ」

「……ふ〜ん、おまえ、なんか急にすごいことというなぁ」

ケンタが、マコトの言葉に本気で感心している様子で言った。

「……私のお父さん、高校で理科の先生やっているけど、少し前に〝自然〟だけじゃなくて、そこに人間がいてはじめて〝環境《かんきょう》〟になるんだって、言ってたっけ……。あんまりよく意味がわからなかったけど、いま、なんかわかった気がする」

「だろう？　だから、やっぱりメダカは捕《と》っていいんだよ。よし、手で捕っちまえ」

と、ケンタがメダカを手ですくう仕草をすると、とたんにカオリが叫《さけ》んだ。

「だぁめっ！　規則《きそく》は規則なんだから、いまはまだ、決められた通りにちゃんと守りなさい！」

「はいはいよー、学級委員さまはきびしいねぇ」

ケンタはおどけて〝ドジョウすくい〟のような踊《おど》りをしながら答えた。


三人がのんびり歩いて戻《もど》ると、水際《みずぎわ》に大きな釣《つ》りざおが立てられ、釣り糸が湖に向かって張《は》られているのが見えた。二人のおじいさんは、そのさおの下で将棋《しょうぎ》をさしている。それを見たケンタがあきれたように言った。

「まったくしょうがねえな、あの二人、会うといつも将棋だからな……。おーい、じいちゃーん！」

ケンタが大きな声をかけると、二人のおじいさんはあわてて顔をあげ、ちょっときまり悪そうに笑いながら手招《てまね》きをした。

「おーう、すまんすまん、新しい将棋盤《しょうぎばん》を買ったんでな、ちょっと駒《こま》を並《なら》べてみたら、勝負が始まっちまってな」

健《けん》ジイが照れ笑いをしながら言った。

「いやあ、ついな、もうさおは仕掛《しか》けてあるから、あとは待つだけだ。で、どうだった、アサザの苗《なえ》は根づいていたかい」

マコトのおじいさんも、なんだかいたずらを見つけられたときの子どものように照れていた。

アサザの様子やメダカが見つかったことをおじいさんたちに話していると、水際に立ててあった釣りざおから、「チリン」というかすかな音が聞こえた。見ると、さおの先に小さな鈴《すず》がつけてあった。魚がかかったのを知らせるためにつけてある鈴だ。

健ジイが振《ふ》り返《かえ》ってさおの先をじっと見つめた。

「まだ、来ていないようだな。仕掛けたばかりだし、風で揺《ゆ》れて鳴ったんだろう」

「そうですか」と、マコトが答えたとたん、「シャシャシャーン！」と大きな鈴の音がした。

みんながいっせいに振り返ると、釣りざおが大きくしなって激《はげ》しく上下におじぎしている。

「うおっ、もう来たか！」

あわてて立ち上がった健ジイがさおに駆《か》け寄《よ》り、両手で持って大きくさおを手前にあおると、さおはグン、と、曲がって半円になった。

「お、お、こいつは……」

健《けん》ジイが振《ふ》り向《む》いて言った。

「ケンタ！　マコト！　こっちに来い。じいちゃんの言う通りにするんだぞ」

健ジイはまず、ケンタを自分と向かい合わせに立たせ、両手で肩《かた》にさおをかつぐような姿勢《しせい》をとらせた。それからマコトにさおをしっかりと握《にぎ》るように言った。

「いいか、じいちゃんが手を放したら、ケンタは肩で力いっぱいさおを押《お》すんだ。マコトは思いきりさおをあげて、少しずつでいいからリールを巻《ま》くんだ。よし、手を放すぞ」

「はい！」。マコトとケンタが叫《さけ》ぶと同時に、健ジイがさおから手を放した。そのとたん、ものすごい力で引きこまれ、マコトはさおを放してしまいそうになった。

「うわわっ、なんだこりゃ！　マコト、もっと引っ張《ぱ》れ！」

ケンタが肩で支《ささ》えていたさおを必死で押《お》し戻《もど》しながら叫んだ。マコトは両手に握ったさおを夢中《むちゅう》で引き起こした。これが本当に魚の力なのだろうか。まるで水の中で潜水艦《せんすいかん》が引っ張っているような、ものすごい力だ。リールのハンドルを巻《ま》こうとしたけれど、まるで動かない。

「マコト、もっと腰《こし》を落とすんだ！　まだリールは巻くな、とにかくさおを支《ささ》えろ！」

マコトのおじいさんも夢中で叫びながら指示を出すけれど、手を出して助けはしてくれな

い。

「二人ともがんばれぇ！」

カオリがそばから大声で応援《おうえん》する。

二人がかりでさおを支《ささ》えて、コイの突進《とっしん》にひたすら耐《た》え、リールのハンドルも二人で片手《かたて》を出して一緒《いっしょ》にぎりっぎりっとゆっくり巻《ま》いた。どのくらい時間がたったかわからなかった。健《けん》ジイが大きな網《あみ》を抱《かか》えて腰《こし》まで水に入り、近づいてきたコイをすくい上げてくれた。

網の中に入ったコイは、紫《むらさき》色と金色が混《ま》ざったような、美しい色に輝《かがや》いている。

「……一メートル八センチ。立派《りっぱ》な霞《かすみ》ヶ浦《がうら》の主《ぬし》だ。二人ともよくやった」

コイの体にメジャーを当てた健ジイが二人をねぎらった。マコトもケンタも、しばらく声が出せないほど疲《つか》れ切《き》っていた。

「……すごく、きれいな色のコイね。体の形も、養殖場《ようしょくじょう》で見るコイとはちがう気がする」

カオリがほれぼれとした口調《くちょう》で言った。

「おお、よく気がついたな。養殖のコイは背《せ》が高くて平べったい、タイ焼きみたいな格好《かっこう》をしているだろ。あれはな、人が食用に品種改良《ひんしゅかいりょう》したコイなんだ。こいつは、大昔から霞ヶ浦にすんでいる野生のコイだ。背が低くて、鯉《こい》のぼりみたいな格好をしているだろう。これが、本物の野《の》ゴイの特徴《とくちょう》だよ。おれたちが子どものころから見てきた霞ヶ浦のコイは、こいつなんだ」

「いやあ、今日、このコイが釣《つ》れるとはな。最近はあまり姿《すがた》を見なくなってきていたから、少し心配していたんだ。マコトもよく見ておけ、昔からコイは出世《しゅっせ》すると龍《りゅう》になると言い伝えられている縁起《えんぎ》のいい魚だが、それはこのコイなんだ。ちょっとした龍のような感じがするだろう」

二人のおじいさんは、マコトたちが釣り上げたコイを、昔からの親友を自慢《じまん》するようにほめたたえた。そして、コイはまた霞ヶ浦の水へ放たれていった。

もう、太陽は低くなって赤く染《そ》まり、夕方になろうとしていた。近くの森でいっせいに鳴きだしたヒグラシの「カナカナカナ……」という声が響《ひび》いてくる。

「いい声だな。昔のまんまの、変わらない声だ」

マコトのおじいさんが言うと、健ジイも煙草《たばこ》に火をつけながらのんびりとした声で言った。

「ああ、あの夕日も、おれたちがガキの時と変わらんな。死ぬんだったら、こういう日がいいもんだ」

「はっは、そうだな。ヒバリやヨシキリのにぎやかな声を聞きながら死ねたら最高だな」

死ぬ、なんてことをおじいさんたちが急に言いだすので、マコトたちはぎょっとした。

「なに言ってんだよ、じいちゃん。死ぬなんて、急にさ」

ケンタがどぎまぎした感じで聞き返した。

「わっはっは、そうか、そうだな。だがなケンタ、じいちゃんたちは必ず、ケンタたちやケンタの父ちゃんたちよりも先に死んでいく。それが当たり前だし、そうでなくちゃならん。それはちっとも悲しいことでも怖《こわ》いことでもない。おまえたちが大人になって、じいちゃんみたいに年をとって、今日とおんなじように、ここの場所でヒグラシの声を聞いてくれれば、わしらもそこにいられるのさ。なあ、耕平《こうへい》」

「ああ、そうだな。ヒグラシは、セミになってからはたった一週間で死んじまう。でもな、わしのおじいさんの、そのまたおじいさんも、マコトぐらいの子どものとき、今日とおんなじように魚を捕《と》ったり、ヒグラシの声を聞いたり、ホタルを見たりしていたんだ。一〇〇年前のヒグラシも、今日のヒグラシも、命をずっと受《う》け継《つ》いで、おんなじ声で鳴いている。わしらの命もそう長くはないが、一〇〇年後にマコトの孫やひ孫が、おなじようにヒグラシの声を聞いていると思うと、わしらは安心して死ねるんだ。それが命を受け継いでいくってことなんだぞ」

三人は黙《だま》っておじいさんたちの言うことを聞いていた。むずかしい話だけれど、おじいさんたちが何を伝えようとしているのかは、何となくわかる気がした。

少し間《ま》をおいて、健《けん》ジイが言った。

「そうだな、時代が変われば、人の暮《く》らしも、ものの考え方も変わる。おれのじいさんなんか、電話もテレビもない時代に暮らしていたんだぞ。暮らしや考え方が変われば、思い出の中身だってまったく変わってしまうだろう。だがな、生きものたちの姿《すがた》や声は、いつの時代も変わらん。その姿や声の思い出は、ずうっと受け継がれていくんだ」

夕日が、湖の向こうにゆっくりと沈《しず》んでいく。そのオレンジ色の光に顔を照らしながら、おじいさんが後を続けた。

「なあマコト、もし、虫や鳥の声が聞こえないような未来になっちまったら、わしらは自分の思い出や、おなじ記憶《きおく》を受け継いでくれるもんをなくしてしまうことになる。それは本当にさびしいことだし、そんなふうにはしたくないもんだ。生きものとのつきあい方じゃ、わしらの時代のもんは、ずいぶん失敗をしてきたような気がするな。昔は当たり前にいた生きものが、ひどく減《へ》ってしまったからな。だからいま、できるだけたくさんの生きものをマコトと一緒《いっしょ》に見たり、声を聞いたりしたいんだ。その生きものたちのすめるところを、いまマコトたちが取《と》り戻《もど》そうとしてくれているだろう。それで、わしらも一生懸命応援《いっしょうけんめいおうえん》しているというわけさ」

湖の遠くで大きな魚が跳《は》ねる音が響《ひび》いた。見ると、夕日に赤く染《そ》まった水面に、丸い波の輪《わ》模様《もよう》がゆっくりとひろがっていく。きっと、さっきのコイが跳ねたんだな、とマコトは思った。

第5章　大事件が起こる

外《がい》来《らい》魚《ぎょ》

8月の終わりが近づくと、三人はお互《たが》いの家に通いながら、霞ヶ浦《かすみがうら》とその周辺の自然と暮《く》らしが変わっていった様子を文章や絵にしてまとめていった。

夏休みの最後の日は、健《けん》ジイのコイの養殖《ようしょく》を見学するためにケンタの家をたずねた。ケンタの家は霞ヶ浦の湖畔《こはん》にあり、家の前に養殖コイを出荷《しゅっか》するためのコンクリート製《せい》の生《い》けすが並《なら》んでいる。沖《おき》の網《あみ》生けすで育てたコイを、出荷する前に集めておくための生けすだ。ケンタのお父さんに誘《さそ》われて生けすの中をのぞくと、丸々と太ったコイが、生けすの底が見えなくなるほどたくさん泳いでいた。

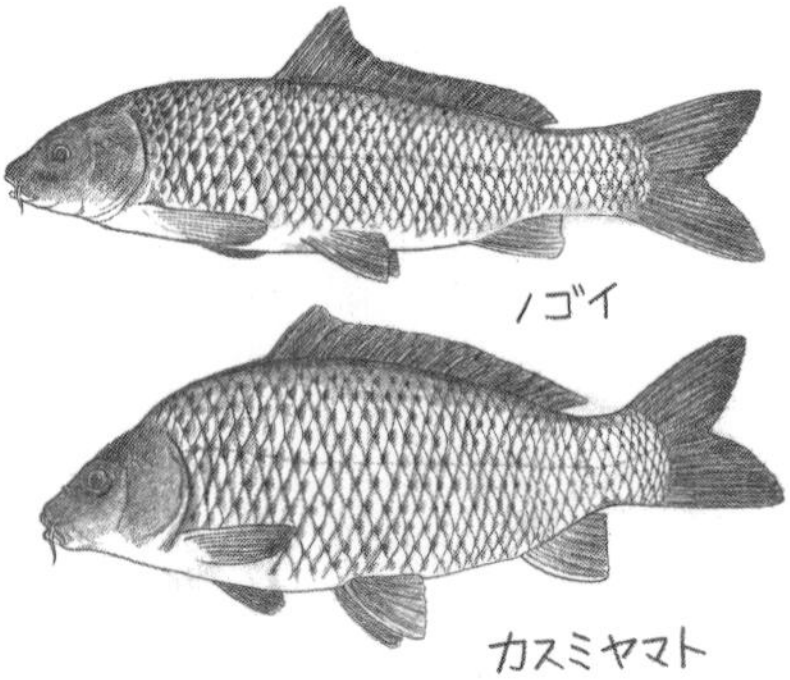

「すごいね、このコイ、ぜんぶ魚屋に売られていくのかな」

マコトは魚屋の店先に並《なら》ぶ魚を見るのが好きだったけれど、東京の魚屋ではコイのような湖の魚を見ることはめったになかった。でも、霞ヶ浦のまわりの町の魚屋では、コイをはじめ、フナ、ワカサギやシラウオなど、湖の魚がごく普通《ふつう》に並んでいた。

「ああ、魚屋にもいくけどな、霞ヶ浦のコイは生きたまま日本中に出荷されているんだ。長野《ながの》県《けん》みたいにコイ料理を名物にしているところでも、ほとんどが霞ヶ浦のコイを使っているんだぞ。カスミヤマトがなければ、日本のコイ料理はなりたたねえな」

ケンタのお父さんが誇《ほこ》らしげに語った。

「カスミヤマトって、花みたいな名前だけど、このコイのこと？」

カオリがたずねた。マコトにも聞いたことがない名前だった。

「おう、野生のノゴイに対して養殖のコイはヤマトゴイっていう食用品種なんだがな、それを霞ヶ浦で代々改良を重ねて育ててきたのがカスミヤマトなんだ。肉付きもよくてうまそうだろ。煮《に》付《つ》けでも洗いの刺《さ》し身《み》でも最高だぞ。今晩《こんばん》食わせてやろうか」

「お母さんの親戚《しんせき》が長野県で、法事《ほうじ》にいくと必ずコイの料理がでたよ。ぼく、大好きだった」

「はっは、そりゃあいい。コイは昔は薬にされていたぐらい体にいいんだぞ。ケンタもマコトを見習えや。それとも、マコトをおれの跡継《あとつ》ぎにもらおうかな」

ケンタのお父さんが冗談《じょうだん》を言うと、ふてくされたようにケンタが言った。

「いいよ、コイ料理はうんざりだし、おれ、動物カメラマンになって世界中にいくんだから」

「おお、そうか、そうだったな、わっはっは」

ケンタのお父さんは健作《けんさく》さんという名で、マコトのお父さんより三歳《さい》若い。学年はちがったけれど、小さなころは一緒《いっしょ》に魚捕《と》りをして遊んだそうだ。子どものころ、健《けん》ジイが湖で漁師《りょうし》をしていたころ船に乗ったことはあるけれど、大人になってからはコイの養殖業《ようしょくぎょう》だけで、湖で漁をしたことはないと言っていた。でも、漁師のような豪快《ごうかい》な雰囲気《ふんいき》は、いかにもケンタのお父さん、という感じだった。


二学期が始まり、「ふるさと聞き取り調査《ちょうさ》」の宿題を発表してからも、マコトたちの〝ふるさと生きもの調査〟は続いた。学校のビオトープのアサザは九月になって本格的《ほんかくてき》な開花の時期を迎《むか》え、黄色い花をいくつも咲《さ》かせはじめた。マコトたちが湖に植え付けたアサザも多くの花を咲かせていた。でも、もっとすごかったのは、ある日曜日にカオリやケンタと一緒におじいさんたちが連れていってくれたアサザの群生地《ぐんせいち》だった。湖面が一面に黄色いアサザの花に覆《おお》われ、水の上にお花畑がひろがる不思議な光景だった。

「ここね、イージマ先生がアサザに波を消す力があることに気づいて、何年か前にたった一株《ひとかぶ》だけ植えたアサザが、ここまで育ったんだって。ユリカ先生がそう言ってた」

アサザのお花畑をながめながら、カオリが夢心地《ゆめごこち》のような口調《くちょう》で言った。

「ああ、ここは昔からアサザがあったところだが、一度は絶《た》えてなくなっていたんだ。それがここまで回復《かいふく》した。まあ、たいしたもんだな」

マコトのおじいさんも感心したように言った。

「ぼくたちの植えたアサザも、こんなふうになるかなぁ」

マコトは自分が植えた、あの頼《たよ》りない苗《なえ》が、こんな見事なお花畑にまでなれるのか自信がなかった。

「うん、まあ、霞ヶ浦《かすみがうら》はすっかり壊《こわ》されてしまったから、昔あった植物が育つにはいろいろな条件《じょうけん》を考えながら環境《かんきょう》をもとに戻《もど》していかにゃならんだろう。アサザが育つところと、育たないところでは何がちがうのか、そういうことをわしらも勉強せにゃならんな。それにはマコトたちがもっと生きものの声を聞き取れるようになってくれんとな」

おじいさんがほほ笑みながらマコトに言った。と、そのとき、

「おーい！　マコト、こんなのが釣《つ》れちまったぜ！」

少し離《はな》れたヨシのしげみの近くで健ジイと釣りをしていたケンタが走ってきた。今日はコイ釣りではなくて、小魚用の簡単《かんたん》なさおと糸だけの仕掛《しか》けでどんな魚が釣れるかを調べていたの

だ。

「これ、知っているか、マコト」

ケンタが見せた魚は、見たこともないほど大きなタナゴの仲間の魚だった。体が青く金属的《きんぞくてき》に輝《かがや》いている。その色も初めて見るものだった。

「や、これは……」

マコトのおじいさんがおどろいたように言った。

「オオタナゴだ。ちょっと前に新聞に出てたぜ。最近になって急に霞ケ浦《かすみがうら》で増《ふ》えだした、中国原産の外来魚《がいらいぎょ》だ。さっきからブルーギルしか釣《つ》れなくて、たまにブラックバスの子が釣れる程《てい》度《ど》だったから、やっと日本の魚が釣れたと思ったら、こいつだったんだ」

ケンタは、初めて見る魚を釣った興奮《こうふん》を現《あらわ》しながらも、とまどっている様子だった。

「おいケンタ、おれにも釣れちまったぞ」

健《けん》ジイもやってきて、同じぐらい大きなオオタナゴを見せた。

「知り合いの漁師《りょうし》がいまでも小型《こがた》の定置網《ていちあみ》で小魚を捕《と》っているんだが、最近こいつが増えて困《こま》ったと言っとったな。大きなやつは骨《ほね》が硬《かた》くて甘露煮《かんろに》に向かんし、小さなやつは身がグズグズに柔《やわ》らかくて煮崩《にくず》れるから、つくだ煮《に》にもできんそうだ」

甘露煮というのは小ブナやタナゴなどの小魚を、しょう油と砂糖《さとう》で柔《やわ》らかく煮たものだ。ちよっとほろ苦いけれど、マコトもだんだん好きになっていた湖の小魚の代表的な料理だった。

「ブラックバスやブルーギル、それにアメリカナマズ。南米《なんべい》から来たペヘレイっちゅうのも増えたしな。アメリカの魚だけじゃなくて中国からも、また新しく外来魚が来たってわけか」

健ジイがため息をつくと、ケンタが茶化《ちゃか》すように言った。

「なんだか、霞ヶ浦って魚のワールドカップ会場みたいだな」

するとマコトのおじいさんが困った顔つきで言った。

「うーん、魚のワールドカップか。だがなケンタ、魚は鳥とちがって空を飛べないから、外国の魚は全部人間が持ちこんだわけだ。ブラックバスみたいに他の魚を食《く》い荒《あ》らす魚も困るが、オオタナゴみたいにおとなしそうな魚でも、それがすみ着いて数《かず》を増やすと、えさや繁殖《はんしょく》の方法がおなじ日本の魚が生存《せいぞん》競争に負けていなくなってしまうんだ。するといま健ジイが言ったように、昔からいた魚を捕って、おいしく料理にして、代々受《う》け継《つ》いできた食べものの文化や伝統《でんとう》をなくしてしまうことになるんだよ」

「もしかすると、甘露煮も食べられなくなっちゃうかもしれないんだね」

マコトが心配すると、おじいさんは深刻《しんこく》そうに言葉を続けた。

「そうだな。いくら湖のまわりの環境《かんきょう》が戻《もど》って、水がきれいになったとしても、水の中の生きものが外来魚ばかりになってしまっていたら、それは本来の自然を取り戻したことにはならん。

これは、霞ケ浦《かすみがうら》だけじゃなくて日本中の湖や川の大きな問題なんだぞ。昔は、外国とか日本のよその地域から役にたちそうな魚を持ちこんで放すのが良いことのように思われていた時代もあったんだ。だが、それは大きな失敗だったな。もう、これ以上、よその魚を人間が持ちこむことはしちゃあならんことだ。わしゃあ、つくづく、そう思うな」

オオタナゴの発見というできごとから、〃ふるさと生きもの調査《ちょうさ》〃はマコトたちに「外来魚《がいらいぎょ》」という問題を深く考えさせるものになっていった。

原因《げんいん》不明の死

セミの声が聞こえなくなり、秋風の中にキンモクセイの花が香《かお》りはじめたころ、霞ヶ浦で大事件《だいじけん》が発生した。いくつもの養殖《ようしょく》生けすで、つぎつぎにコイが死にはじめたのだ。それも、ものすごい量でだ。原因はわからなかった。昔、霞ヶ浦の汚《よご》れがひどくなってきたときにアオコという植物プランクトンが異常《いじょう》発生して、たくさんのコイが死んだことがあったそうだ。だけど、こんどはアオコが原因ではなさそうだった。それでも何かの大きな異変《いへん》が霞ヶ浦の水の中でおこっているのは、間違《まちが》いなかった。

ケンタのお父さんの養殖生けすでもコイが死にはじめていた。

「原因は、わからん。だが、来るもんが、とうとう、来ちまったのかもしれん」

健《けん》ジイは、水面に死んだコイが浮《う》かぶ出荷用《しゅっかよう》の生けすの前に立ち、いままで見たこともないような悲しく、そして厳《きび》しい声で言った。

沖《おき》の網《あみ》生けすから戻《もど》ってきたケンタのお父さんは、不安を隠《かく》せない顔つきだった。

「沖の網生けすでも、どんどん死んでいる。何が原因なんだか、さっぱりわからねぇ」

一緒《いっしょ》に沖の網生けすを見てきたケンタは、マコトの顔を見ると目線を落とし、悔《くや》しそうにつぶやいた。

「ひでえよ。あんなの見たことない。どうしてかな。おれたちがアサザやヨシを植えて、湖をもとの姿《すがた》に戻《もど》そうとしているのに、間に合わなかったのかな」

マコトは、夏休みに釣《つ》った大きなコイのことを思い出していた。あのコイも、どこかで死んでしまっているのかもしれない。そう思うと、おじいさんたちから受《う》け継《つ》いでいく思い出の景色も、何もかもが消え去ってしまうような気持ちになった。


一一月になって、霞ヶ浦のコイの大量死の原因が、ショッキングなニュースとして全国に知らされた。死んだコイから「コイヘルペス」という伝染病《でんせんびょう》のウイルスが発見されたのだ。数年前から外国で猛威《もうい》を振《ふ》るっていた、コイだけに感染《かんせん》する病気だった。それがどうやって霞ヶ浦に入ったのかは不明だったけれど、霞ヶ浦《かすみがうら》全域の養殖生《ようしょくい》けすのコイがウイルスに汚染《おせん》されていることが判明《はんめい》した。

それから起こったことは、まるで悪夢《あくむ》だった。霞ヶ浦のコイは伝染病《でんせんびょう》が広まるのを防《ふせ》ぐために出荷《しゅっか》が禁止《きんし》された。霞ヶ浦は〝死の病《やまい》〟の発生源《はっせいげん》であるかのように報道《ほうどう》され、コイヘルペスがコイだけの病気で、フナやワカサギ、シラウオなど、他の魚にはなんの影響《えいきょう》もないにもかかわらず、スーパーや魚屋の店先から、霞ヶ浦の魚の姿《すがた》がほとんど消えてしまった。湖の桟橋《さんばし》の上では死んだコイが山のように積まれ、青いビニールシートをかけられた姿があちこちで見られた。

それでも、ケンタの家の網生《あみい》けすでは、半分以上のコイが生きていた。冬が近づいて水温が下がるとコイヘルペスのウイルスは活動しなくなるので、コイも死なずにいられたのだ。だけど、ウイルスに感染《かんせん》しているコイはたとえ健康《けんこう》であっても移動《いどう》させることが禁止《きんし》されたままだった。

一二月になると、コイの養殖家《ようしょくか》たちは焦《あせ》りをつのらせた。いつもなら、正月料理にコイを欠かせない全国の地域《ちいき》からたくさんの注文がくるはずだった。この時期にコイが出荷できないと、多くのコイ養殖家が破産《はさん》に追いこまれてしまう恐《おそ》れがあった。

そしてついに、まだ生き残っているコイを全部、県が買い上げて処分《しょぶん》することが決まった。

でも、湖の野生のコイからもコイヘルペスのウイルスがみつかっていたので、たとえ養殖のコイをすべて処分しても、野生のコイから感染する恐れがあるために湖での養殖は再開《さいかい》の見通しが立たなくなってしまっていた。コイの病気が見つかってから二カ月もしないうちに、全国にコイを出荷していた霞ヶ浦のコイ養殖業《ようしょくぎょう》は、解決《かいけつ》の方法も見つからないまま、まったく身動きがとれなくなってしまった。

ケンタは、学校でも次第に元気をなくしていった。マコトとカオリは心配し、〝ふるさと生きもの調査《ちょうさ》〟に三人で行こうと誘《さそ》ったけれど、秋から冬になった水辺では生きものの姿も少なく、風も水も冷たかった。

そんなある日、学校の昼休みに、マコトとカオリはビオトープを見にいった。アサザをはじめ、ほとんどの植物が葉を枯《か》らし、さびしいながめだった。

「あ〜あ、せめて、もっといろんな生きものが見られる季節ならケンタも元気になるだろうになぁ」

カオリがため息をつきながら言った。

「うん……でも、冬の鳥はいろいろ来ているよね。きのう、学校から帰る途中《とちゅう》、ハイイロチュウヒをケンタと一緒《いっしょ》に見つけたんだ。すごくきれいな色のタカで、ぼくは初めて見るし、すごくうれしかったけれど、ケンタはそうでもなさそうだったよ」

「まあ、ね。たしかに、そういう問題じゃないわね」

マコトの言葉に、カオリは肩《かた》を落として言った。

「ぼくのお父さんさ、東京で会社をリストラされたんだ。それでこっちに引《ひ》っ越《こ》してきたんだけど、お父さん、はじめは元気なかったな。でも、最近は元気だよ。仕事のない日はいろいろ勉強しているみたいだしさ。〝トキみたいによみがえるぞ〟って言っているよ」

「え、そうだったの。知らなかった」

カオリがおどろいたように言った。

「でも、ケンタの家はもっと大変だと思うな。うちとちがってほかにいくところもないし、霞《かすみ》ケ浦《がうら》がだめになっちゃったら……」

マコトは、それ以上の言葉を続けることがためらわれた。

「トキも、暮《く》らすところがなくなったから、いなくなっちゃったんだよね」

カオリがさびしそうに、ぽつりと言った。

その年の霞ヶ浦は、出口の見えない闇《やみ》の中にいるような、暗くさびしい雰囲気《ふんいき》に包まれたまま、年《とし》の瀬《せ》を迎《むか》えていった。

くじけぬ漁師《りょうし》

「おいマコト、霞ヶ浦でワカサギがたくさん釣《つ》れているらしいぞ。インターネットで釣れる場所を調べたんだ」

新年を迎《むか》えてまもないある日、朝ご飯を食べながら、お父さんがめずらしくマコトを釣りに誘《さそ》った。

「そうだ、ケンタのお父さんも誘ってみるか。昔は一緒《いっしょ》に魚捕《と》りをして遊んだもんだがな」

「およしなさいよ。いまコイヘルペスで大変な時なんだから。ケンタ君はともかく、健作《けんさく》さんは釣りなんかして遊んでいる場合じゃないでしょう」

お母さんがたしなめるように言った。

「うーん、まあ、たしかにそうだよなぁ」

お父さんは、ちょっとがっかりしたように言った。

霞ヶ浦のコイ養殖家《ようしょくか》たちの中には、もう養殖業をやめてしまおうと考えている人も多かった。廃業《はいぎょう》するか、続けるか、コイの養殖家たちは毎日のように集まり、話し合いを続けていた。

ケンタの家は、なんとか養殖業を続けようとしていたけれど、いつ養殖が再開《さいかい》できるのか、見通しはたたないままだった。

ワカサギ釣《つ》りには、お父さんとおじいさん、それにケンタと健《けん》ジイも一緒《いっしょ》に来て楽しんだ。二人のおじいさんはあいかわらず、元気だ。二人がそろうと、子どものころの二人にもどって遊んでいる感じだ。岸からさおを出し、何本も釣《つ》り針《ばり》のついた仕掛《しか》けを沈《しず》めて待つと、やがてさおの先がプルプルと震《ふる》え、よく太ったワカサギが釣り上がった。

「天ぷらにちょうどいい型《かた》だな。いつもなら年の暮《く》れまでの釣りなんだが、今年は年が明けても釣れるな。これなら、定置網《ていちあみ》を仕掛けてもけっこう捕《と》れるだろう」

健ジイがうれしそうに言った。定置網とは、長い網《あみ》を何十メートルも湖に張《は》りだし、泳いでくる魚の群《む》れを網の囲いの中に誘《さそ》いこんで捕る、昔ながらの漁法だ。

「わしは生《なま》シラウオにポン酢《ず》をかけたのが好きだな。いまでもポツポツ捕れるようで、たまにスーパーでも売っておる。コイヘルペス騒《さわ》ぎで、ここしばらく店先に見られんがな」

マコトのおじいさんもつぎつぎにワカサギを釣り上げてごきげんの様子だった。

マコトとケンタは釣れるワカサギの数を競争しているが、ブルーギルがかかると仕掛けが絡《から》まってしまい、それをほどくのがひと苦労だった。

「ちぇっ、なんとかならないのかな。こいつがかかるとペースが落ちるんだよ」

ケンタがいまいましそうに言うと、お父さんが思い出したように言った。

「そうだ、マコトからブラックバスやブルーギルの話を聞いたときにネットで調べたんだけど、滋賀県《しがけん》の琵琶湖《びわこ》ではなかなかおもしろい取り組みをやっていたぞ。漁師《りょうし》が捕ったり、市民グループが釣った外来魚《がいらいぎょ》を、地元の漁協《ぎょきょう》が回収《かいしゅう》して、畑の肥料《ひりょう》になる魚粉《ぎょふん》に加工しているというんだ。霞ヶ浦《かすみがうら》でも、できるんじゃないかなぁ」

「へぇ、ブラックバスなんかが畑の肥料になるの？」

マコトが意外そうに聞くと、おじいさんが答えた。

「魚だったら何でも良い肥《こ》やしになるさ。うちの庭の畑でも、魚粉を使っておるぞ。トマトでもナスでも、野菜のうまみを出すには魚粉が一番だ。化学肥料にくらべると、だいぶ高くついちまうけれどもな」

「あ、だったらおれがバスもギルもオオタナゴもどんどん釣ってくるからさ、それを肥料にしてよ。お礼は野菜でいいからさ」

ケンタが絡まった釣り糸をほどきながら言った。

「はっはっは、そりゃいいな。昔はモクを肥やしにして、それで湖の栄養分を取りだしていたもんだが、外来魚を肥やしにすれば、そのぶん湖の水もきれいになるし、昔からいた魚も戻《もど》ってこれるようになるな。一石二鳥、いや三鳥かもしれんぞ」

おじいさんが笑って言った。霞ヶ浦の水を富栄養化《ふえいようか》で汚《よご》している窒素《ちっそ》とリンを、昔はモクを取ったり漁業で魚を捕《と》ることで湖から取りだしていた、というおじいさんたちの話しを、マコトは思い出した。

「そうだよ！　どうしていままでそれを考えつかなかったんだろう」

外来魚《がいらいぎょ》だって命ある生きものだ。それに、好きで日本に来たわけではない。持ちこんだ人間が悪いのだ。でも、放っておけば昔からいた生きものがすめる場所がなくなってしまう。外来魚を畑の肥料《ひりょう》にいかせば、おいしい野菜が作れるし、湖をきれいにすることにもなる。この方法ならみんなの暮《く》らしの中で外来魚の問題を少しずつ解決《かいけつ》していくことができるはずだ。

マコトの考えを聞いたお父さんは、意外なことを話しだした。

「うん、そうだな。いまな、『外来生物法《がいらいせいぶつほう》』といって、外国から持ちこまれて野生化して、漁業や農業に被害《ひがい》を出したり、日本の野生動物に悪い影響《えいきょう》を与《あた》えている生きものを管理するための法律《ほうりつ》が新しく始まろうとしているんだ。そうすれば、むやみに外国の生きものを持ちこんで放してはいけないことになる。外来生物の問題は世界中で話し合われていて、どの国でもそういうふうにしていこう、という国際条約《こくさいじょうやく》もできて、それに日本も参加しているんだよ」

「へぇ……お父さん、そんなことを調べていたんだ。全然知らなかった」

「はっはっは、まあな。父さんだって遊んでいたわけじゃないぞ。マコトやおじいちゃんが霞《かす》ケ浦《みがうら》のために色々活躍《かつやく》しているのに、父さんがなんにもしないいんじゃ恥《は》ずかしいからな。このところ、ちょっと勉強しているんだ。それに……」

お父さんは、何かを言いかけてくちごもった。

「それに？」

マコトがたずねると、お父さんはしばらく黙《だま》っていたけれど、ほほ笑《え》みながら言った。

「うん、まあな、いろいろと考えているわけさ」

そういえば、お父さんは最近、夜遅《おそ》くまでインターネットで調べものをしているようだ。夜中にトイレに起きたとき、お父さんが見ているパソコンの画面を見たら、どこかよその地域《ちいき》の米づくり農家のことを調べている様子だった。

昼過《ひるす》ぎまで釣《つ》りをして帰るときは、みんなで釣ったワカサギは二〇〇匹《ぴき》以上にもなっていた。

帰り道、健《けん》ジイが家でお茶を飲んでいくように誘《さそ》うので、ケンタの家の前で車を降《お》りた。

すると、家の前でケンタのお父さんが出荷用《しゅっかよう》の生《い》けすをひとりでながめていた。

「おう、健作《けんさく》、帰ったぞ。……どうだったい、今日の寄《よ》りあいは」

健ジイが声をかけると、健作さんはぼんやりと、そしてさびしそうな声で言った。

「ああ、うん。どうもな……霞ヶ浦は、もう終わりなのかもしれねえな」

その言葉は、健ジイの後ろにいたみんなにも聞こえた。

「……どうした？」

健《けん》ジイがけげんそうに聞いた。

「県知事が今日、記者会見《きしゃかいけん》で発表したんだ。霞ヶ浦《かすみがうら》の養殖家《ようしょくか》が全部一緒《いっしょ》にやめるんなら、補償《ほしょう》の金を出すことができるかもしれねえんだとさ。コイの養殖業はえさとふんで湖の水を汚《よご》しているから、やめれば湖の水質浄化対策《すいしつじょうかたいさく》に関連させて金を出す、ということだそうだ」

「なんだって？」

健ジイの顔が急にけわしくなった。

記者会見の内容《ないよう》は、コイの養殖家が廃業《はいぎょう》することで生じる損害《そんがい》を県のお金でおぎなうためには、霞ヶ浦のコイ養殖家が全部一緒に廃業してもらいたい、ということだった。

「おれは続けてぇよ。だが、この先どうなるかもわからん。養殖が駄目《だめ》になるんなら、霞ヶ浦じゃ、もう暮《く》らしていけねぇのかもしれねぇな……」

マコトは思わずとなりに立っているケンタを見た。ケンタはワカサギの入ったバケツを持ったまますつむき、どこを見ているのかわからない目で黙《だま》って立っていた。

健ジイは厳《きび》しい顔をしたまま、言葉を忘《わす》れてしまったかのように黙っていたけれど、やがて、今まで聞いたこともないような、低く、太い声で言った。

「……馬《ば》っ鹿野郎《かやろう》、あきらめるな。こんなことでくじけてたまるかよ。おい、おれたちゃあな、そもそも漁師《りょうし》なんだ。霞ヶ浦の漁師だぞ。海との間に逆水門《ぎゃくすいもん》ができて、水が腐《くさ》って、べらぼうに魚が減《へ》っちまったから、養殖にくら替《が》えはしたけどな」

そして、ケンタの手からバケツを取ると、健作《けんさく》さんの前に突《つ》き出《だ》して言った。

「見ろ、ケンタが釣《つ》ったワカサギだ。シラウオだって、まだ捕《と》れている。そりゃあ、昔にくらべたらどんどん底《そこ》だけどな。霞ヶ浦はまだまだ死んじゃいねぇぞ、生きているんだ。歯ぁ食いしばって生き残ろうとしてる漁師ぐらい、養《やしな》ってくれるさ。もう一度、漁師として出直すんだ!」

「……でも親父《おやじ》よ、おれは漁なんか、いままでまともにやったことないぜ」

健作さんがとまどったような顔で言うと、健ジイがニヤリと笑った。

「なぁに言ってやがんだ、定置網《ていちあみ》や帆引《ほび》き舟の漁で一代築《いちだいきず》いたもんを前にして。倉庫にゃ、まだ昔の網が眠《ねむ》っているんだ。漁は明日からだって始められるぞ。おれが一《いち》からお前に叩《たた》きこんでやる!」

健作さんはワカサギの入ったバケツを見つめたまま、黙っていた。大きな不安と、小さな希望とが入《い》り交《ま》じったような目だった。

マコトのおじいさんが、静かな声で言った。

「わしらは、今日は帰ろうかね」

そして、車へ戻《もど》りながら明るい声で健ジイに言った。

「おい、健治郎《けんじろう》、今夜は息子《むすこ》とワカサギの天ぷらで一杯《いっぱい》だな」

第6章　新たな出発

冬休みが明けて学校が始まった。マコトが学校に着いてすぐビオトープを見にいくと、カオリが先にいて池をながめていた。池は厚《あつ》い氷が張《は》り、すっかり冬枯《ふゆが》れの姿《すがた》になっていた。

「あ、マコト、あけましておめでとう」

半月ぶりに見るカオリの姿は、なんとなく大人っぽく感じられた。

「ねえ、ケンタのうち、大変なことになったんじゃない？　お父さんが新聞の記事をみて教えてくれたの。全部の養殖家《ようしょくか》がやめなくちゃならなくなるかもしれないのよね」

マコトは、ワカサギ釣《つ》りの後のことをカオリに伝えた。そして、健作《けんさく》さんがどうしようとしているのかは、まだわからないことも。

「ふぅーん、そうかぁ、どうするんだろうね、ケンタのお父さん」

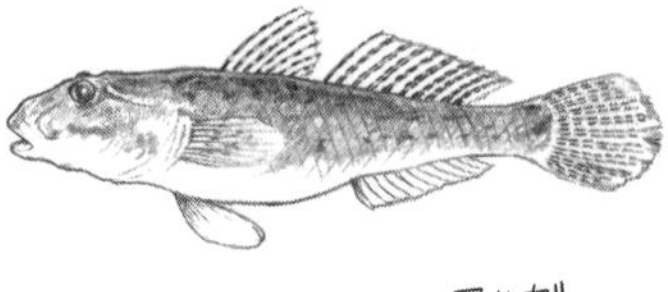
マハゼ

カオリは、凍《こお》った池をながめながら心配そうにつぶやいた。マコトの耳には、まだ健《けん》ジイの低く、太い声の言葉が耳に焼き付いていて、それを頭の中でくり返していた。

「あ、ケンタだ」

カオリの声に振《ふ》り返《かえ》ると、校庭を猛《もう》スピードでこちらに向かって駆《か》けてくるケンタの姿が目に入った。

「……なんか、元気そうじゃない？」

「うん、そうだね」

「うぉおおーっす！！　諸君《しょくん》！」

池まで一息に駆けてきたケンタが吠《ほ》えるように言った。

「あ、おす、ケンタ」

「おはようケンタ、えーと、あけまして、おめでとう」

カオリがとまどうように言った。

「おう、まったくおめでとうだぜ」

ケンタはなんだか様子が変わっていた。体中《からだじゅう》で興奮《こうふん》しているような感じだ。全力疾走《しっそう》してきて池の横にしゃがみこみ、息を切らせながら話しだした。

「父ちゃんさ、養殖《ようしょく》も続けるし、漁師《りょうし》もやってみるってよ。っていうかさ、マコト、昨日のじいちゃん、すっげぇ格好良《かっこう》かったよなぁ。おれ、あんな迫力《はくりょく》あるじいちゃん、初めて見たぜ。じいちゃんってさ、ただのじいちゃんだと思ってたけど、おれの父ちゃんの、父ちゃんなんだよな。なんかさ、お寺の、お不動様《ふどうさま》みたいだったぜ。でさ、いままで我慢《がまん》していたけど、こうなったらもう、開けるんだって、水門《すいもん》をさ」

「水門？　……水門って、逆水門《ぎゃくすいもん》のこと？」

カオリが不思議そうにたずねた。

「決まってんじゃんかよ。じいちゃんが漁師《りょうし》だったときに水門を閉《し》められて霞ヶ浦《かすみがうら》の水が悪くなったんだから、じいちゃんたちが死ぬまでに開けてみせるって。そうすりゃあ、海からウナギも、スズキも、ハゼもエビも、山ほど戻《もど》ってくるんだぜ。そしたら昔のように漁もできるし、霞ヶ浦だってよみがえるんだ。もし、じいちゃんがだめなら父ちゃんが開けろって。それでもだめならおれが開けろだってよ。本気で言ってやがんだぜ。無茶苦茶《むちゃくちゃ》だぜほんとに」

「……え、水門って、開けられるもんなの？」

マコトはケンタとカオリの顔を交互《こうご》に見ながらたずねた。

逆水門には農業用水や工業用水に使う湖の水に海水が混《ま》じらないようにする役目があるし、洪水《こうずい》のときに利根川《とねがわ》の水が霞ヶ浦に逆流《ぎゃくりゅう》してあふれるのを防《ふせ》ぐ働きもしているはずだった。その水門を開け放してしまったら、多くの人の暮《く》らしに影響《えいきょう》を与《あた》えそうだ。

「あ、うん。開けると言っても、ずっと開けっ放しにするんじゃなくてね、洪水《こうずい》のときみたいに必要なときは水門を閉めて、魚が海からのぼる季節には開けるってことが、できるかもしれないんだって」

カオリが記憶《きおく》をたどるように説明をした。水門を開けたときに海から入ってくる塩分の混じった水は農業用水には使えないけれど、湖のもっと上流の、塩分の混じらないところから引いている工業用の水がたくさん余《あま》っているから、それを農業用につかえば水門を時々開けても大《だい》丈夫《じょうぶ》なのだそうだ。

「そんなふうに、人も生きものも一緒《いっしょ》に暮らしていくことができるように、みんなで工夫《くふう》していこうって、いろいろな人が言ってるんだって。少し前にお父さんが新聞を読みながらそう言ってたな」

「ああ、それ、それ。開けっ放しにするんじゃなくて、洪水とか、魚が行き来するときとか、条件《じょうけん》に合わせて開けたり閉めたりするんだ。それなら水の流れも調整できるし、魚も出入りできるし、汚《よご》れた水だって入れ変われるんだ。もう何十年も前に計画されて作られたままの水門なんだから、みんなが新しい知恵《ちえ》や考え方で工夫すれば、いまよりずっとずっと良くすることができるはずだってよ。じいちゃんもそんなふうに言ってたぜ」

ケンタがようやく息を少し落ちつかせながら言った。

マコトは、何か大きな奇跡《きせき》が近づいてきているような気がした。いくらマコトたちがアサザなど植えて生きもののすむ場所を取《と》り戻《もど》そうとしても、逆水門《ぎゃくすいもん》やダムのように自然の仕組みを大きく変えてしまったものをなくすことはできないから、本当の意味で元の自然を取り戻すことはできないいんじゃないかと思っていた。でも、よく考えて工夫《くふう》をすれば、少しずつ自然の仕組みを取り戻しながら人々が暮《く》らしていくことだってできるかもしれない。海の魚が霞ケ浦《かすみがうら》に帰って来られるように、トキのように滅《ほろ》んでしまったいろいろな生きものたちと一緒《いっしょ》に暮らせる未来を、自分たちで作れるかもしれない。

「へへ、おれさ、コイの養殖《ようしょく》が湖を汚《よご》しているとか新聞にも書かれたりして、すっげえ嫌《いや》な気持ちだったんだ。せっかくアサザやヨシを育てて湖に植えても、なんにもならねえんじゃないかって、世の中のみんなから言われているような気がしてさ。だけど、なんかもう、ぐちゃぐちゃ考えるのはやめたぜ。こうなりゃ漁師《りょうし》だってなんだってやってやるさ」

「……え？　ケンタ、漁師になるの？　動物カメラマンになるんじゃなかったっけ」

マコトは、意外に思って聞き返した。

「だからさ、やりてぇことはなんだってやってやるんだよ。うっしゃあーっ、やってやるぜぇーっ！」

ケンタはそう叫《さけ》ぶなり、校庭に向かって何度もとんぼ返りをしはじめた。

「……ケンタのやつ、キレちゃったのかな？」

マコトがあきれたようにつぶやくと、カオリがくすくす笑って言った。

「馬鹿《ばか》ね、キレたんじゃなくて、ふっ切れたのよ。なんか、よかったね、もとのケンタに戻《もど》った感じじゃない」

校庭の真ん中までとんぼ返りをしていったケンタは目を回したように倒《たお》れこみ、そのまま仰《あお》向《む》けの大の字になって空を見上げている。

「あ、うわあ、すっごく高い空！」

カオリの声にマコトも空を見上げると、雲ひとつない青い空が、底が抜《ぬ》けたように深く、どこまでも広がっていた。

一日《いちにち》きこり

節分《せつぶん》を過《す》ぎたある日の日曜日、荒《あ》れた森《もり》を手入れする「一日きこり」がおこなわれた。おじいさんがマコトにホタルを見せてくれた、あの谷津田《やつだ》のまわりの森だ。ながい間手入れされていなかった森の地面は笹《ささ》やぶで覆《おお》われ、木の枝《えだ》が混《こ》みあって昼でも薄暗《うすぐら》い。その笹やぶを刈《か》り払《はら》ったり、よけいな木を切り倒《たお》して森の中に太陽の光を入れるのだ。

作業には近所のおじいさんたちや市民グループの人、それにインターネットの呼《よ》びかけで東京から参加した人たちなどが三〇人ぐらい集まった。マコトの両親とおじいさん、ケンタと健《けん》ジイ、そしてカオリもお父さんと一緒《いっしょ》に参加した。カオリのお父さんは高校の理科の先生だけれど、霞ヶ浦《かすみがうら》のまわりの森や自然のこともいろいろ調べているそうだ。

森の地面をびっしりと覆《おお》っている笹《ささ》を、大人たちが鎌《かま》で刈《か》り払《はら》っていく。マコトやカオリは、束《たば》にした笹を森の外の田んぼまで運びだす係だ。運んでも、運んでも、刈りだされた笹の山は低くならない。田んぼまで笹の束を運んで戻《もど》ってくると、さっきよりも笹の山が高くなっているのだ。

「お父さん、ペース早いよ。あんまり無理すると、また腰《こし》が痛《いた》くなるよ！」

カオリが息を切らせながら言った。

「いやあ、刈っても、刈っても、奥《おく》はすごい笹やぶだ。今日のうちにこの辺は全部刈り取りたいからな。カオリもがんばって運びだしてくれよ」

そしてまた、バリバリ、ガサガサと音をたてながら鎌で笹を刈りこんでいく。見た目はやさしそうな感じの人だけれど、すごい馬力だ。

谷津田《やつだ》の田んぼをはさんで反対側の森ではケンタと健ジイが、木を切《き》り倒《たお》して間引《まび》く作業をしている。

「おおーい、倒れるから気をつけろーっ！」

健ジイの太い声が谷津田に響《ひび》いた。やがてバキバキ、ドシーン、という音がして、一本のクヌギの木が倒された。

昼休みに温かい豚汁《とんじる》が出され、みんなでお弁当《べんとう》を食べた。やぶが刈り払われ、木が間引きされたところには、太陽の光が差しこみ、ひろく、明るい森になっている。これなら森の中で走り回って遊ぶこともできそうだ。

「ずいぶん明るくなったね。でも、せっかく生えている木を切り倒すなんて、ちょっともったいない気もするけどな」

マコトがつぶやくと、カオリのお父さんが豚汁の湯気でメガネをくもらせながら言った。

「いや、マコト君、こういう人里《ひとざと》の近くの雑木林《ぞうきばやし》は里山《さとやま》と言ってね、昔から薪《たきぎ》を取るために定期的に切られていたんだよ。切ってもね、ヒコバエといって、木の根元から新しい枝《えだ》が伸《の》びてくるんだ。何年かすると、また元のように戻《もど》る。それをまた切る、というふうにくり返し利用していたんだよ。人が森に入りやすくするためには笹やぶを刈ったりしてね。そうすることで森の中の地面にも日があたるし、スミレとかキキョウ、カタクリのような野草も花を咲《さ》かせることができるんだよ」

里山の手入れをすることで、いろいろな生きものが暮《く》らしやすくなる。やぶを刈り払って木を間引《まび》くと、森の中にひろい空間ができ、地面が表れる。すると、フクロウやタカのような大きな猛禽《もうきん》が森の中を飛び回って狩《か》りができるようになるそうだ。キツネやタヌキも、森の中を歩き回りやすくなる。こうした里山《さとやま》の森は、人が手入れをし続けることで、いろいろな生きものが暮《く》らせる環境《かんきょう》を守ってきたのだ。

その話を聞いて、マコトのおじいさんが感心したように言った。

「おお、さすがに理科の先生だ。そのとおり。昔は夏に笹《ささ》などの下草《したくさ》を刈《か》って、冬には薪用《たきぎよう》の木を切りだしていたんだ。いまは薪を燃料《ねんりょう》にしなくなったし、夏は田畑で忙《いそが》しくて、下草刈《したくさが》りもなかなかできないけどな。そうなると耕《たがや》さなくなった谷津田《やつだ》の田んぼとおなじで、森の中は笹やぶに覆《おお》われてしまうわけだ。それで、昔から咲《さ》いていた野草は生える場所がなくなって姿《すがた》を消してしまったし、森から湧《わ》き出す泉《いずみ》の水も減《へ》ってしまったんだよ」

「え？　どうして森の中がやぶになると、泉の水が減ってしまうの？」

カオリが不思議そうにたずねた。やぶがしげると野草が生える場所がなくなるというのはわかるけど、泉の水が減ってしまうというのはマコトにもわからなかった。その理由をカオリのお父さんが続けて説明してくれた。

「うん、森には水を貯《たくわ》える仕組みがあるんだよ。落ち葉が地面に積もって、腐葉土《ふようど》という、ふわふわしたスポンジみたいな土になる。腐葉土は雨水をたくさん吸《す》いこんできれいな水を少しずつゆっくり流しだしてくれる。だから森は〝緑のダム〟と呼《よ》ばれているんだよ」

ところが、森の中が笹やぶに覆《おお》われると落ち葉が地面に積もらなくなって、腐葉土が少なくなってしまう。すると、降《ふ》った雨は地面に吸いこまれなくなって、いっぺんに流れだしてしまう。その結果、川は濁《にご》った泥水《どろみず》になって霞ヶ浦《かすみがうら》に流れこみ、湖を濁らせる原因《げんいん》のひとつになる。だから、森の手入れをすることは、湖のきれいな水を守ることにもなるのだそうだ。

すると、マコトのお父さんがおにぎりをほおばりながら話しだした。

「マコトたちがアサザを植えた湖岸《こがん》の沖《おき》に、波消し用の装置《そうち》が作られてあったよな。あれは霞ヶ浦のまわりの森を手入れしたときに出た丸太《まるた》や枝《えだ》を使っているだろう。そうやって森の手入れをすすめながら湖の水源《すいげん》を守って、同時に湖の生きものたちが暮らす場所を取《と》り戻《もど》すことをしているんだよ」

マコトはポカンとした顔でお父さんの話を聞いていた。森を手入れすると同時に波を消す装置を作り、湖でも生きものの暮らす場所を取り戻していけるという話はイージマ先生も授業《じゅぎょう》で話していた。だけど……。

「どうして、お父さんがそんなことを知っているの？　ぼく、そんなことまで話していないよね」

マコトがたずねると、お父さんは一瞬《いっしゅん》、きょとんとした顔になってから笑った。

「あっはは、そうだよな。いや、マコトが学校の授業《じゅぎょう》の話をしてくれたから、お父さんも霞ケ浦《かすみがうら》のことに興味《きょうみ》をもってインターネットで調べたり、ケンタのお父さんや健《けん》ジイにも話を聞いて教わったんだよ」

お父さんは自分で勉強したことを話しはじめた。粗朶《そだ》の消波施設《しょうはしせつ》が作られはじめる前は、石を積んだ消波堤《しょうはてい》が作られていたそうだ。でも、石積みの消波堤を作ってきた滋賀県《しがけん》の琵琶湖《びわこ》では、波はたしかによく消えたけれど、水の行き来もなくなって、消波堤の内側はただの水たまりなってしまったそうだ。するとヨシがどんどんしげって、やがてヨシ原で埋《う》め尽《つ》くされて水面がなくなってしまった。そして、消波堤の外側では前と同じように強い波が打ちつけているらしい。

「それじゃあ、マコトたちが植えているアサザとか、モクのような水草が育つ場所がなくなっちゃうだろう。ところが、粗朶の消波施設にすると、波だけをうまくおさえて水や魚は行き来ができるから、アサザやモクが育つ場所も守られるというわけさ」

マコトはなんだかとてもわくわくするような気持ちになった。自分が湖の授業のことを話したことがきっかけで、お父さんが自然や生きものの暮《く》らす場所のことを勉強しはじめていたなんて、ぜんぜん知らなかったのだ。すると健ジイがいたずらっぽく笑いながら言った。

「おう、マコトの父さんはなかなかの勉強家だぞ。このあいだは、おなじ波を消す装置《そうち》でも粗朶と石積みのではどっちが魚にとっていいんだ、なんてたずねてきたしな。そりゃあ粗朶のほうが良いに決まっとるさ。枝《えだ》の間は魚やエビの格好《かっこう》のすみかになるからな。昔は粗朶を湖に沈《しず》めて、そこに集まってきた魚やエビを網《あみ》で捕《と》る漁法もあったし、エビや小魚をすみ着かせて増《ふ》やす『魚礁《ぎょしょう》』という装置を作ったりもしていたんだぞ」

「あ、その粗朶を沈めて魚を捕るの、おもしろそうだな。おれやってみたい。こんどやり方教えてよ」

ケンタが豚汁《とんじる》のおわんを持ったまま足をバタバタさせて言った。

「はっは、そうかい、やってみるか。まあ、昔はそんなふうにして、漁師《りょうし》も農家も普通《ふつう》に暮《く》らしながら、自然や生きものともうまくやってきたんだな。薪《たきぎ》だって暮らしには欠かせなかったから、みんながよく森の手入れをしたもんだった」

健ジイがそう言うと、マコトのおじいさんも楽しそうに「一日《いちにち》きこり」のこれからの計画を話した。

「間引《まび》いた木で、炭焼《すみや》きをやってみような。薪はいまではなかなか使わんが、炭にすればバーベキューに使えるからな。それに、幹《みき》の太いところはシイタケやヒラタケ、ナメコ……、いろんなキノコを育てる土台の木になる。木にドリルで穴《あな》を開けて、そこにキノコの菌《きん》のつまった木の栓《せん》を打ちこむんだ。春になればキノコ汁《じる》が食べられるようになるぞ」

「ほんと？　それ、やってみたいな。やり方教えてくれるよね」

マコトがケンタのまねをして足をバタバタさせながら言うと、持っていた豚汁《とんじる》のおわんから熱いおつゆがこぼれた。

「あっち！　しまった、やっちまった」

「ほ〜ら、マコト、そういうときは気をつけないと、まだまだ修業《しゅぎょう》が足りないわよ」

お母さんの言葉にみんなが大笑いになった。すると、お父さんがマコトの顔を見ながら言った。

「じゃあ、おれもおじいちゃんに色々教えてもらおうかな、農業や米づくりのこと」

お父さんの言葉に、みんながいっせいに顔をあげた。

「いや、マコトとおじいさんが話していることから関心をもったんだけどな、昔は、谷津田《やつだ》の田んぼは大切にされていたし、いろんな生きものが暮《く》らせる場所でもあったんだろう。でも、米づくりの方法が変わったり、減反政策《げんたんせいさく》とかで見捨《みす》てられてしまった。お父さん、なんとなく自分と谷津田の田んぼが似《に》ているような気がしてな、こういう谷津田の田んぼを昔のようによみがえらせる方法はないか考えていたんだ。見捨てられた谷津田だって、工夫《くふう》すれば人や生きものがよろこぶ形で復活《ふっかつ》させることはできるはずだと思うんだ」

「お父さん、農業をやる気になったの？」

マコトは、夜中にお父さんがインターネットでいろいろ調べていたのは、農業をはじめるための勉強だったのだと気がついた。

「うん、ただ農業をやるんじゃなくて、いろんな生きものと人とが一緒《いっしょ》に暮らしていけるような、そんな工夫《くふう》をした農業をやってみたいんだ。マコトがアサザを植えているのも、ただ自然を保護《ほご》しようとしているだけじゃないだろう。岸辺にアサザやモクがよみがえって、魚がたくさん戻《もど》ってくれば、漁師《りょうし》が捕《と》った魚を食べられる。すると、魚を通じて湖から栄養分が取り出されて、水がきれいになるんだよな」

「そうだよ。魚がうんと増《ふ》えれば、漁師が捕るほど湖がきれいになるんだよ」

「それって、不思議じゃないか。父さん、人が豊《ゆた》かに暮らしていくためには、なにかこう、自然を削《けず》って小さくしたり、閉《と》じ込《こ》めたりするのは仕方《しかた》がないと思ってたんだ。だけど、人が生き生きと暮らしながら、自然の恵《めぐ》みをもらうことで、自然をもっと豊かにする方法もあるんだよな。だから米づくりだって、おいしいお米をたくさん作るほど、いろんな生きものが暮らせるような田んぼにする方法があるんじゃないかと思ったんだよ」

「えーっ、そんな方法、あるのかな？」

時代の流れの中で米づくりの方法が変わってきた、というおじいさんの話を思い出すと、マコトにはなかなかむずかしいことのように思えた。

「いや、あるんだよ、マコト君。いま、稲《いね》を刈《か》り取《と》ったあとの田んぼに、また水を入れて、いろんな生きものの力を利用する米づくりが、東北の宮城県《みやぎけん》などではじめられているんだ」

カオリのお父さんが、新しい米づくりの取り組みを説明してくれた。「ふゆみずたんぼ」といって、冬も水を張《は》った田んぼにはガンやハクチョウなどの渡《わた》り鳥《どり》が集まってくるのだそうだ。稲を刈り取ったあとの田んぼにはもみがたくさん落ちているので、それを食べに集まった水鳥が雑草《ざっそう》の種もきれいに片《かた》づけてくれる。そしてふんをすることで、田んぼに良い肥料《ひりょう》を与《あた》えることにもなるという。

「冬の田んぼが、渡り鳥たちのすみかになるの？」

「そうなんだ。それと、普通《ふつう》は翌年《よくねん》の田植えのために、刈り取ったあとの田んぼを耕《たがや》すんだけど、そうするともみが土に埋《う》もれて鳥が食べにくくなってしまうんだ。だから、『不耕起栽培《ふこうきさいばい》』という方法で、田んぼを耕さなくても田植えができるような新しい田植え機も開発されている。普通の方法で田植えをするときの『代《しろ》かき』の作業は、泥《どろ》を水の中でうんとかき回すから、田んぼから泥水を流しだして川や湖の水を汚《よご》す原因《げんいん》になっているけど、この方法は『代かき』をしないから、泥水を流しださずにすむんだよ」

「そうそう、父さんはそういう新しい農業をやってみたいんだよ。そうした田んぼで育った稲は力が強いから、農薬や除草剤《じょそうざい》を使わなくてもおいしい米がたくさん収穫《しゅうかく》できるそうだ。それから、用水路がコンクリートで固められてしまったところは生きものがすみにくいだろう？でも、田んぼの泥の中にもうひとつ、水路のような溝《みぞ》を掘《ほ》れば、そこはメダカとか、ホタルとか、いろんな生きものが暮《く》らすビオトープみたいな環境《かんきょう》になるんだぞ。マコトが湖のアサザでやっているようなことを、父さんは田んぼでやってみようと思うんだ」

「お父さん、じゃあ、おじいちゃんと一緒《いっしょ》に田んぼづくりをするの？」

「ああ、だけど、父さん、農業のことを何にも知らないからな。〝新しい農業〟なんて言ったって、農業のイロハを知らなきゃ話にならないだろ。稲のことも、一《いち》から勉強だ。それを、おじいちゃんに教わりたいと思うんだ。だから、な、親父《おやじ》、ひとつ、ご指導《しどう》をお願いいたします」

おじいさんは微笑《ほほえ》みながらお父さんの話を聞き、しばらく黙《だま》っていたけれど、やがてマコトのほうを向いて言った。

「おい、どうするマコト。父さんが、わしらの仲間に入れてほしいと言っとるぞ。この世界じゃあ、マコトのほうが先輩《せんぱい》だからな」

マコトは大きく息を吸《す》ってから叫《さけ》んだ。

「決まっているじゃん、大歓迎《だいかんげい》だよ！」

「ようし、決まったぞ！　春から父さんはお百姓《ひゃくしょう》さんだ。おもしろくなってきたぞぉ！」

お父さんはそでをまくって力こぶを作るポーズをとった。

「あら、いいわね、マコトたちだけ楽しんでいるんだから。お母さんだって野菜づくりしたいから手伝うわ。お義父《とう》さん、私もよろしくご指導《しどう》おねがいします」

「わっはっは、そうかそうか、マコトよ、み〜んなわしらの仲間になりたいらしいぞ。こうなったら、まとめて面倒《めんどう》見てやろうかね」

おじいさんの大きな笑い声が谷津田《やつだ》の谷間に響《ひび》き渡《わた》った。

谷津田の沢水《さわみず》は、軽やかな音を立てて流れ続けている。この流れのどこかに、メダカたちがじっとかたまって冬を乗《の》り越《こ》えようとしているはずだ。晴れわたった空では、オオタカが縦《たて》に大きな宙返《ちゅうがえ》りをくり返しながら飛んでいる。繁殖期《はんしょくき》を前にした、オスのオオタカの縄張《なわば》り宣言《せんげん》の空中ダンスだ。もうすぐ、霞ヶ浦《かすみがうら》にも春がやって来る。

エピローグ

六年生の夏休みの終わりに近いある日、マコトはケンタとカオリの三人で、アサザを植え付けた湖の岸を見にいった。今年の植え付けは苗《なえ》の量も多かったので、アサザの丸い葉が浮《う》く姿《すがた》も、少し頼《たの》もしくひろがりだしているように感じられた。

「今年は五年生や四年生も、なかなかうまく植えてたみたいだしな。まぁ、上出来《じょうでき》なんじゃないか。これならおれたちが卒業していっても大丈夫《だいじょうぶ》だろうな」

ケンタが土手の上から腕《うで》を組みながら言った。

「あらケンタ、去年、そんなに上手《じょうず》に植えてたかな。よくばってスコップで深い穴《あな》ばかり掘《ほ》るから、アサザの葉っぱが沈《しず》んじゃうんで掘り直していたような気がするけれど」

「うるせえな、気分良くながめているんだから、茶化《ちゃか》すんじゃねぇよ！」

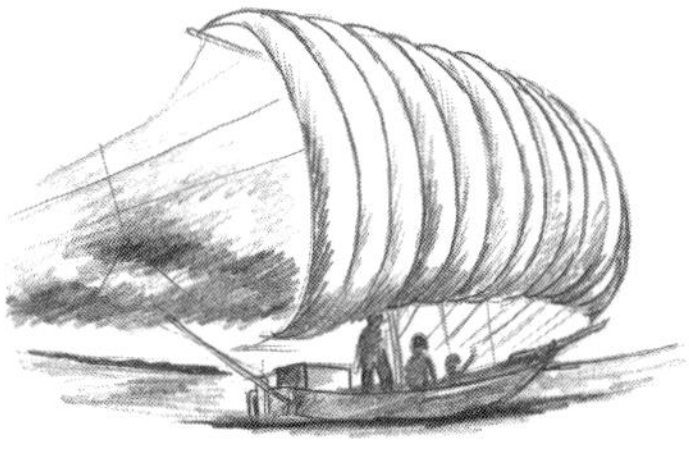

ケンタがけっとばすふりをすると、カオリは笑いながら逃《に》げ、湖の方へ土手を駆《か》け降《お》りていった。

「まったく、カオリのやつさ、最近、おれたちになんだか姉《ねえ》さん面《づら》するようになったと思わねえか」

ケンタがいまいましそうにマコトに言った。

「え、そうかな。昔からあんな調子じゃなかったっけ」

「いや、最近、とくにそうさ。だいたいさ、なんか変にいろいろ、オ、オ、女っぽくなっちまったりしてさ、大人ぶっていやがんだよ」

ケンタが急に言葉をつまずかせながら早口で言った。マコトは、ケンタの顔が妙《みょう》に赤くなっているに気がついた。

「いやあ、どうなんでしょうね。その点につきましては、なんともコメントのむずかしいところでして……」

「なんだそりゃ、テレビの評論家《ひょうろんか》みたいなこと言ってんじゃねぇよ！」

ケンタはすかさずマコトのおしりをけっとばした。

「痛《い》ってぇ、こいつ！」

マコトが思わず出したパンチが、ケンタのお腹のみぞおちに命中《めいちゅう》した。

「うぅっ、……ば、馬鹿野郎《ばかやろう》、もろにくらったぞ」

ケンタが体を折《お》り曲《ま》げてしゃがみこんだ。

「あ、あ、悪い、ごめん、おい、大丈夫《だいじょうぶ》かケンタ？」

「ねーぇ！　アサザの花が咲《さ》いているよ。もうすぐ満開の季節になるよね！」

湖の岸から、カオリの叫《さけ》ぶ声が風に乗って聞こえた。アサザが満開になるころ、その年の夏も終わるのだ。


夏休み最後の日の夕方、おじいさんがマコトを誘《さそ》い、二人で霞ケ浦《かすみがうら》のヨシ原にいった。以前に健《けん》ジイやケンタと一緒《いっしょ》にいった、あの大きなヨシ原だ。おじいさんは、すごいものを見せてくれると言うだけで、それが何かは例によって教えてくれなかった。

広いヨシ原を見降ろす土手に着くと、さまざまな鳥たちが夏の名残《なごり》を惜《お》しむかのように鳴《な》き交《か》わしている。このヨシ原のまわりを縄張《なわば》りにしているらしいミサゴが、長くて白い翼《つばさ》を夕日に赤く染《そ》めながら飛んでいた。

そのミサゴが飛んでいく空の下に一そうの船が、大きな白い帆《ほ》をミサゴの翼とおなじ夕日の色に染めながら浮《う》かんでいた。その船の帆はみたこともない形で、とても大きなものだった。

「あれ、あの船はなんだろう？」

「おお、あれが帆引《ほび》き船さ。いまは観光用で網《あみ》は引いていないが、昔はあれで健《けん》ジイたちがワカサギやシラウオを捕《と》っていたんだぞ」

おじいさんがなつかしそうに言った。

コイヘルペス騒動《そうどう》は、今年になっても解決《かいけつ》の方法が見つかっていない。病気に感染《かんせん》した養殖《ようしょく》のコイをすべて処分《しょぶん》した後《あと》で、よそからコイを持ってくる試験がされたけれど、そのコイはすぐ病気に感染して死んでしまったそうだ。でも、霞ヶ浦《かすみがうら》の水辺では野生のコイがたくさん生き残っている。病気に感染しても、抵抗力《ていこうりょく》をもっていたコイは生き残ることができたのだ。だから、去年の夏にマコトたちが釣《つ》った大きなコイも、きっとどこかで生きているはずだ。霞ヶ浦の主《ぬし》は不死身《ふじみ》なんだ、とマコトもケンタも信じている。

コイ養殖業の再開《さいかい》は見通しが立たない状態《じょうたい》だけれど、ケンタのお父さんは、健ジイから霞ヶ浦の伝統的《でんとうてき》な漁法を少しずつ学んでいる。そして、都会から来た旅人などにも本当の漁を体験させる、新しい形の漁業の計画も立てているそうだ。

「ケンタのお父さん、帆引き船の練習も始めるんだって言ってた。ケンタも一緒《いっしょ》に乗ってみるんだって。あれ、もしかして、あの船がそうなのかな？」

「ははぁ、あの辺りを帆引き船が通るのはめずらしいし、今日は観光の船が出る日じゃないからな。もしかするとそうなのかもしれないぞ」

「そうかぁ、ようし、お〜い！　ケーンタァーッ、おまえかぁーっ！」

声が届《とど》くわけがないけれど、マコトは力いっぱい叫《さけ》んだ。船には何人かの大人と、ひとりの子どもの人影《ひとかげ》が見える。きっと、ケンタにちがいない。風をいっぱいに受けた大きな帆を見上ながら、得意そうに見えた。

「いいなぁ、ケンタのやつ。……ありがとう、おじいちゃん。すごいものって、あれなんだよね」

「ん？　あ、いや、あれとはちがうぞ。わしがマコトに見せようと思っていたのはな、これから始まるんだ。もうそろそろな」

おじいさんが微笑《ほほえ》みながらなぞをかけるように言った。いつかホタルを見せてくれたときも、こんな感じだったことをマコトは思い出した。

《すごいことって、なにが起きるんだろう》

やがて、「チュルチュルッ」という声をあげて、何羽かのツバメが頭の上を通りすぎていった。ツバメはいつも見慣《みな》れている鳥だ。やがて、また数羽。次に来たのは十数羽の群《む》れだ。そして、数十羽の群れが、「チュルチュルッ、チュルチュルッ」と鳴きながら飛んできた。

そのときになって、マコトは何かおかしいと感じた。遠くからツバメの「チュルチュルッ」という声が、まるで津波《つなみ》のように押《お》し寄《よ》せてくるのが聞こえてきたのだ。後ろを振《ふ》り返《かえ》ったマコトは、思わず叫んだ。

「うわぁ！　なに、これぜんぶツバメなの！」

黒い霧《きり》のように、何百、何千ものツバメの群《む》れがつぎつぎに飛んでくるのが見えた。何万羽ものツバメがヨシ原の空を埋《う》め尽《つ》くすように飛んでいる。「チュルチュル、チュルチュル」という声がマコトの全身を包みこんだ。

「どうだ、すごいだろう。これが『ツバメのねぐら入り』だ。秋になって南に渡《わた》る時期が近づくと、その年に生まれた若《わか》いツバメもみんな一緒《いっしょ》になって、こうやってヨシ原の中に集まって寝《ね》るようになるんだよ」

おじいさんが得意そうに言った。すごい、なんてものではなかった。こんな迫力《はくりょく》のある生きものの姿《すがた》を、マコトは初めて見る気がした。言葉が、まるで出なかった。ただ、ただ、野生の命の力強さを体のすべてで受け止めていた。

夕焼けの空を黒く染《そ》めて飛んでいたツバメの群れは、やがてヨシ原の中に吸《す》いこまれるように入りはじめたかと思うと、たちまちのうちに一羽のこらず空から消えてしまった。すべてが、ほんの一瞬《いっしゅん》の出来事のように感じられた。

マコトが呆然《ぼうぜん》としてヨシ原をながめていると、おじいさんが静かな声で話しだした。

「わしが子どものころはな、冬の夕暮《ゆうぐ》れになると数えきれないくらいのガンが、いまのツバメみたいに集まってきて霞ヶ浦《かすみがうら》にねぐら入りをしていたんだ。それはもう、ものすごいながめだ

ったよ。長い列を組んだガンの群《む》れが、髪《かみ》の毛みたいになって空から集まってくるんだ」

体の小さなツバメでも、これほどすごい迫力《はくりょく》なのに、大きなガンが集まってきたら、どんなにすごいながめになるのだろう。マコトは、その風景を思《おも》い浮《う》かべた。そして、その姿《すがた》を本当に自分の目で見てみたいと思った。いまの霞ヶ浦《かすみがうら》には、わずか数十羽のガンがかろうじて渡《わた》ってきているそうだ。でも、いろんな生きものが安心して暮《く》らせるようになれば、おじいさんが子どものころに見た、ガンの大群《たいぐん》が飛《と》び交《か》う景色を自分も見られるかもしれない。

お父さんは、今年からおじいさんの米づくりを手伝いはじめている。いつか自分の方法で田んぼをつくり、ガンの群れや多くの生きものが人と一緒《いっしょ》に暮らせる環境《かんきょう》をつくっていきたいと話していた。いまは農業を勉強する毎日がおもしろくて仕方がない様子だ。

湖のほうを見ると、帆引《ほび》き船の姿は少し遠くになって、白い帆《ほ》だけが浮《う》かんでいるように見えた。ケンタは、海の魚もたくさん捕《と》れるようになった霞ヶ浦で漁師《りょうし》をやってみたい、と言っていた。

マコトが黙《だま》って夕焼けに染《そ》まる湖をながめていると、おじいさんが、少し遠慮《えんりょ》がちな口調《くちょう》で話しだした。

「じつはな、わしのおじいさんが、子どものころは冬になるとツルが渡ってくることもあった、と言っていたんだよ。それに、コウノトリも木の上に巣《す》を作っていたことがあると聞いたぞ」

「え、本当なの？　じゃあ、おじいちゃんのおじいちゃんは、霞ヶ浦でツルやコウノトリも見ていたんだ……」

「ああ、そうだ。それにトキもいて、田んぼでドジョウを捕《と》っていたそうだよ。もう一〇〇年も昔の話だけど、〝たった一〇〇年前〟でもあるな。そう考えると、短い間に、ずいぶんいろんな生きものがいなくなってしまった。それは、そういう世の中にしてしまったじいちゃんたちの責任《せきにん》でもあるわけだ。そう思うと、わしらはマコトたちに申《もう》し訳《わけ》ないことをしてきた気がするな」

「う〜ん、でもさ、また、トキがすめるようになるかもしれないよ。いま、ぼくたちがいろいろな生きものが帰ってこれるようにしているんだから」

「ああ、ツルやコウノトリも、だな。うん、本当にそうなったらおもしろいな。去年、マコトが学校の授業《じゅぎょう》の話をしてくれたときはな、じいちゃんは、とても楽しい話だけれど、そんなことは魔法《まほう》でも使わなくちゃできないと思っていた。だから、とっくの昔に滅《ほろ》んだトキやコウノトリがいたころのことを、いまさら話しても仕方がないとあきらめていたんだ」

マコトは黙《だま》っておじいさんの話を聞いていた。そして、去年の夏にヒグラシの声を聞きながらおじいさんたちがマコトたちに話していた言葉を思い出していた。

《もし、虫や鳥の声が聞こえないような未来になっちまったら、それは本当にさびしいことだ

な。わしらは、自分と同じ記憶《きおく》を受《う》け継《つ》いでくれるもんをなくしてしまうことになる》

トキやコウノトリのいた一〇〇年前の霞ヶ浦《かすみがうら》の風景を、マコトに受け継ぐことができなかった。そのことを、おじいさんはすごく悔《くや》しがっていたんだ、とマコトは思った。

「だけどな、マコトたちがやっていることを見ていると、トキがいる霞ヶ浦の景色を取り戻《もど》すことも、なんだか本当にできるんじゃないかって思えてきたんだよ。じいちゃんたちが一〇〇年間で失ったものを、マコトたちが一〇〇年かけて取り戻してくれるかい？」

マコトは、夕焼けの中で帆《ほ》を赤く染《そ》めながら小さくなっていく帆引《ほび》き船の姿《すがた》をしばらく見つめた。そして、ゆっくり言葉を出して答えた。

「いつかきっと、できるよ。ぼくたちがやっていることは、魔法《まほう》なんかじゃないからね。はじめは、アサザの言葉を聞いたことからだったんだよ。いろいろよく見て考えると、いろんなことができるんだよ」

アサザ

いま君にできること ――アサザプロジェクトからのメッセージ

飯島《いいじま》　博《ひろし》

ぼくはこの物語に登場していたカッパによくにたイージマです。作者である多田実《ただみのる》さんは、ぼくの友人で、「アサザプロジェクト」がはじまったときからずっとこの取り組みを取材しているルポライターです。

マコトのような子どもたちが、霞ヶ浦《かすみがうら》にいるということもほんとうの話で、いまも湖をよみがえらせる活動をつづけています。

この物語の背景《はいけい》を知ってもらうために、ぼくたちとアサザの出会いをすこし紹介《しょうかい》しましょう。

ぼくが小学生になったころから、水俣病《みなまたびょう》のような公害事件《じけん》がいくつも起き、トキやコウノトリなどの野生生物が絶滅《ぜつめつ》しそうだというニュースが流れはじめました。自然が大好きだったぼくはとても暗い気持ちになりました。みんなが仲良く暮《く》らせる世の中にしたいと思ったのです。でも、子どものぼくにはどうしたらいいのかわかりませんでした。自分の思いや夢を伝えるための言葉も見つかりませんでした。

ぼくが大人になったとき、霞ヶ浦には大きな変化が起こっていました。まわりに生えていたヨシ原がなくなり、コンクリートの岸になっていました。汚《よご》れた水が湖に流れこみ、生き物はつぎつぎと姿《すがた》を消していきました。霞ヶ浦は「死の湖」「アオコの湖」と呼《よ》ばれはじめ、人びとはあきらめかけていました。水の汚れだけで、そう決めつけていたのです。

でも、ぼくはそれはちがうと思いました。霞ヶ浦には霞ヶ浦にしかない良さがあるはずです。湖をもとの姿にもどす方法があるはずです。それを見つけるために、湖を一周してみようと思いました。霞ヶ浦は一周が二五〇キロメートルもあります。日本の湖の中でいちばん岸辺の長い湖で、二四時間歩き通しても三日はかかります。じつは、それまで湖を歩いて一周した人は一人もいませんでした。じっさいの霞ヶ浦をよく見ないで「だめになった湖」などとあきらめていたのです。

いまから一三年まえのことですが、ぼくは小学生や中学生と一緒《いっしょ》に霞ヶ浦の岸辺を歩きはじめました。二五〇キロもいっぺんに歩けませんから、休日ごとに朝早くスタートして夕方まで、その日に決めた区間を歩きました。地図とノートを持《も》って、見つけた生き物や地元の人から聞いた話を記録していきました。夏は陽ざしが強く、冬には冷たい風が吹《ふ》きつけました。強い風が吹くと湖に大きな白波《しらなみ》がたちます。沖《おき》からうち寄《よ》せる波は、コンクリート護岸《ごがん》にあたってはねかえり、そこにはもう生き物のすみかになっていたヨシ原はありませんでした。

岸辺を歩き通すのはたいへんでした。でも、子どもたちは毎回、よろこんで参加してくれました。みんなが「死の湖」と呼んでいた霞ヶ浦にも、よく見て歩けばまだたくさんの生き物が生きていたのです。「あっ！トンボがいた。水草があった」。一歩一歩をふみ出すたびに、あたらしい発見でわくわくしました。夢中《むちゅう》になって歩いているうちに、ぼくたちは春・夏・秋・冬を歩きとおしていました。

ある日、ぼくたちは風の中を歩くのに疲《つか》れてしまい、ひと休みすることにしました。そこはアサザがまだ残っている場所で、黄色い花がいくつも湖面にゆれていました。岸辺にすわってぼんやりながめていると、ふとあることに気づきました。沖の方に浮《う》いているアサザの葉や花は大きくゆれていますが、岸辺ちかくの葉はほとんどゆれていないのです。

沖の方から岸辺にむかってやってきた波は、アサザの葉がたくさん浮かんでいる中を通ると、小さく弱くなっているのです。柔《やわ》らかなアサザの葉や細い茎《くき》が、波を弱める役割《やくわり》をしていたのです。この岸辺には強い波がやってこないので、ヨシ原が波によって削《けず》られず広がっていました。ヨシ原のまわりには、ヤゴや小魚がたくさんいるにちがいありません。水鳥たちもたくさん集まっていました。そのとき、ぼくにはアサザの声が聞こえたように思いました。ぼくたちが自然のはたらきをもっとよく知り、うまく活《い》かすことができれば、自然をよみがえらせ、水をきれいにすることができるにちがいありません。

そのつぎの年の一九九五年、「アサザプロジェクト」とよばれる霞ヶ浦再生事業《かすみがうらさいせい》がはじまりました。その様子が、この物語のなかで書かれています。一年目に数十人のボランティアではじめた活動が、やがて湖のまわりの二〇〇を越《こ》える小学校や中学校にひろがりました。子どもたちの行動を見て、周辺の企業《きぎょう》、農協、漁協、市役所、大学、研究所、環境省《かんきょうしょう》、国土交通省なども参加してきました。夢《ゆめ》はどんどんひろがり、いまでは岸辺におおきなヨシ原を再生《さいせい》したり、湖の水源《すいげん》である森や田んぼを守ったり、ビオトープを作ったりする自然再生の計画が進んでいます。「アサザプロジェクト」は、一〇〇年後にトキの舞《ま》う霞ヶ浦をめざしています。この計画に共感する人びとが、いまでは一三万人もいます。海外からも多くの人たちが見学にやって来ます。

子どもたちや若《わか》い人たちでなければできないことがあります。それは、夢をもつことです。いままで解決《かいけつ》することができなかった環境問題も、夢の力で解決することができるのです。ぼくは自信をもって君たちにそう言うことができます。

湖の問題を解決する答えは湖が教えてくれます。じかに見て、聞いて、ふれて、感じることが大切なのです。感じたことをすぐに言葉にできなくてもいいのです。じっくりと時間をかけて自分の言葉を見つけてください。君がひとつひとつの出会いを大切にしていけば、何年何十年かかっても、かならず「君のアサザ」が見つかります。これは魔法《まほう》ではありません。可能性《かのうせい》への扉《とびら》をひらくのに必要なもの。それは、君たちひとりひとりの夢です。

二〇〇七年四月

アサザプロジェクト

アサザプロジェクトは1995年に市民の提案で始まりました。湖の自然と共存する循環型社会の構築を、総合学習や地域活性化と一体化しながら流域全体で展開しています。

湖岸植生帯の復元、水源の山林や水田の保全、環境教育や外来魚駆除などを地域住民や農林水産業、学校、企業、行政などと協働で実施し、参加者は現在のべ13万人を超えています。100年後にトキが舞う霞ヶ浦を目指して着実に歩みを進めています。

【連絡先】

NPO法人 アサザ基金

〒300-1233　茨城県牛久市栄町6丁目387番地
TEL　029-871-7166　Fax　029-871-7169
mail ： asaza@jcom.home.ne.jp
http : // www.kasumigaura.net/asaza/

■著　者

多田 実（ただ・みのる）

ルポルタージュ・ライター

本名・本多 清（ほんだ・きよし）。アミタ持続可能経済研究所・主任研究員。無名塾俳優養成部・文芸演出部を経て1993年よりフリーランス報道記者として執筆活動を始める。立教大学非常勤講師などを経て、2005年7月より現職。日本文芸家協会会員。著書に『境界線上の動物たち』（小学館）、『自然産業の世紀』（創森社・共著）など。

■さし絵

さかいひろこ

水戸市生まれ。茨城キリスト教大学卒業。縄文時代をこよなく愛するまんが家。縄文ワークショップを開催するかたわら、青森県三内丸山遺跡など遺跡のイラストを描く。おもな作品に、『縄文冒険コミック・風のまほろば』全2巻、乳がん治療日記『まんが・おっぱいががたいへん！！』（ともにNHK出版）がある。

■資料提供

NPO法人 アサザ基金

魔法じゃないよ、アサザだよ

ぼくらの霞ヶ浦再生プロジェクト

2007年5月15日　　第1刷発行

著　者　多田 実

さし絵　さかいひろこ

発行者　上野良治

発行所　合同出版株式会社

東京都千代田区神田神保町1-28

郵便番号 101-0051

電話 03（3294）3506　FAX 03（3294）3509

URL：http://www.godo-shuppan.co.jp/

振替 00180-9-65422

印刷・製本　新灯印刷株式会社

■刊行図書リストを無料送呈いたします。

■落丁乱丁の際はお取り換えいたします。

NDC916　176p　22cm

ISBN978-4-7726-0391-1　©Minoru TADA , 2007